新一代信息通信前沿技术与应用

吕捷 著

中国商务出版社
·北京·

图书在版编目（CIP）数据

新一代信息通信前沿技术与应用 / 吕捷著. --北京：中国商务出版社，2024.6

ISBN 978-7-5103-5133-4

Ⅰ.①新… Ⅱ.①吕… Ⅲ.①信息技术—通信工程 Ⅳ.①TN91

中国国家版本馆 CIP 数据核字（2024）第 075579 号

新一代信息通信前沿技术与应用
吕捷　著

出版发行：	中国商务出版社有限公司
地　　址：	北京市东城区安定门外大街东后巷 28 号　邮　编：100710
网　　址：	http://www.cctpress.com
联系电话：	010—64515150（发行部）　　010—64212247（总编室）
	010—64269744（商务事业部）010—64248236（印制部）
责任编辑：	周水琴
排　　版：	北京天逸合文化有限公司
印　　刷：	北京建宏印刷有限公司
开　　本：	787 毫米×1092 毫米　1/16
印　　张：	14.25　　　　　　　　　　字　　数：201 千字
版　　次：	2024 年 6 月第 1 版　　　　印　　次：2024 年 6 月第 1 次印刷
书　　号：	ISBN 978-7-5103-5133-4
定　　价：	78.00 元

凡所购本版图书如有印装质量问题，请与本社印制部联系

版权所有　翻印必究（盗版侵权举报请与本社总编室联系）

前　言　PREFACE

当前，以信息通信前沿技术作为关键要素的数字化产业，正在以不可逆的发展趋势席卷全球，在信息通信前沿技术不断成熟、产业类型不断转化的同时，催生了诸多新产品、新模式、新业态。信息通信前沿技术持续与传统产业融合，数智化赋能产业开始向深向广向新发展，助推千行百业向数字化转型升级，引导加速构建现代产业体系，使之展现出了巨大潜力。与此同时，世界百年未有之大变局加速演进，新一轮科技革命和产业变革深入发展，信息通信前沿技术在大国博弈中越发成为关键变量，数字化产业成为大国竞争的重要战略阵地，围绕未来科技发展主导权的争夺也越发激烈。

全球著名 IT 咨询公司高德纳（Gartner）根据其对上千种新科技发展趋势的分析研判，每年都会发布包括 30 余项新兴技术及发展趋势的 Gartner 新兴技术成熟度曲线。每年既会有新的数字科技出现在曲线上，也会有老技术在曲线上消失，体现出数字科技颠覆性创新排浪式涌现的特点。因此，本书结合近三年 Gartner 新兴技术成熟度曲线，综合考虑我国信息通信前沿技术的政策、发展趋势以及推广应用水平，选取了与未来产业密切相关的元宇宙、大模型、量子信息、脑机接口、6G、人形机器人六大热点技术进行追踪。

笔者吕捷，系中国信息通信研究院泰尔系统实验室基础产品与设施部副主任、高级工程师，历时 2 年完成了本书对元宇宙、大模型、量子信息、脑机接口、6G、人形机器人六大热点技术的介绍与分析，包括它们的概念与内涵、全球发展现状、核心技术体系、应用前景展望以及未来所面临的机遇与挑战。笔者通过系统性、概要性的通俗解读和普及介绍，为读者认知信息通信前沿技术发展趋势、了解前沿技术应用前景等提供了帮助，同时为产业界布局提供了思路。如有不足，敬请读者批评指正。

吕捷

2024 年 3 月

目 录 CONTENTS

第一章　信息通信前沿技术概述 …………………………………… (001)
　　第一节　概念与发展历程 ………………………………………… (003)
　　第二节　行业特点 ………………………………………………… (004)
　　第三节　面临的挑战 ……………………………………………… (005)
　　第四节　热点技术 ………………………………………………… (007)

第二章　元宇宙技术与应用 ………………………………………… (009)
　　第一节　元宇宙概述 ……………………………………………… (011)
　　第二节　全球元宇宙发展情况 …………………………………… (015)
　　第三节　元宇宙核心技术体系 …………………………………… (023)
　　第四节　元宇宙应用前景展望 …………………………………… (031)
　　第五节　元宇宙技术发展面临的问题与挑战 …………………… (041)

第三章　大模型技术与应用 ………………………………………… (045)
　　第一节　大模型概述 ……………………………………………… (047)
　　第二节　全球大模型发展情况 …………………………………… (057)
　　第三节　大模型核心技术体系 …………………………………… (072)
　　第四节　大模型应用前景展望 …………………………………… (080)
　　第五节　大模型技术发展面临的问题与挑战 …………………… (085)

第四章　量子信息技术与应用 ……………………………………… (089)
　　第一节　量子信息技术的概念与内涵 …………………………… (091)

第二节　全球量子信息技术发展情况 …………………………（096）
　　第三节　量子信息核心技术体系 …………………………………（109）
　　第四节　量子信息技术应用前景展望 …………………………（121）
　　第五节　量子信息技术发展面临的问题与挑战 ………………（124）

第五章　脑机接口技术与应用 …………………………………………（127）
　　第一节　脑机接口概述 …………………………………………（129）
　　第二节　全球脑机接口技术发展现状 …………………………（133）
　　第三节　脑机接口核心技术体系 ………………………………（145）
　　第四节　脑机接口技术应用前景展望 …………………………（153）
　　第五节　脑机接口技术发展面临的问题与挑战 ………………（156）

第六章　6G 技术与应用 …………………………………………………（161）
　　第一节　6G 概述 …………………………………………………（163）
　　第二节　全球 6G 技术发展现状 ………………………………（165）
　　第三节　6G 核心技术体系 ………………………………………（173）
　　第四节　6G 技术应用前景展望 …………………………………（183）
　　第五节　6G 技术发展面临的问题与挑战 ……………………（186）

第七章　人形机器人技术与应用 ………………………………………（191）
　　第一节　人形机器人概述 ………………………………………（193）
　　第二节　全球人形机器人发展现状 ……………………………（195）
　　第三节　人形机器人核心技术体系 ……………………………（200）
　　第四节　人形机器人应用场景展望 ……………………………（207）
　　第五节　人形机器人技术发展面临的问题与挑战 ……………（209）

结束语 ……………………………………………………………………（213）
参考文献 …………………………………………………………………（216）

第一章

信息通信前沿技术概述

第一节　概念与发展历程

信息技术的英文为 information technology，即 IT，业界也称为信息与通信技术（information and communications technology，即 ICT），是指管理和处理信息所采用的各种技术的总称。从信息技术出现至今，其概念和内涵随着技术本身的发展而不断演化，总体可分为三个阶段。

第一阶段：20 世纪 80 年代以前，这一阶段的大型计算机主机及其操作系统终端，被认为是第一代信息技术平台。

第二阶段：从 20 世纪 80 年代中期到 21 世纪初，在个人群体中普遍使用的微型计算机以及通过互联网把分散个体连接在一起的服务器被认为是第二代信息技术平台。

第三阶段：近十年来，以云计算、大数据、物联网等为特征的第三代信息技术蓬勃发展，信息通信前沿技术不再单纯指信息领域的一些分支技术（如计算机、集成电路、无线通信、云计算等）的纵向升级，更多的是指它们所衍生的元宇宙、大模型、量子信息、脑机接口、6G、人形机器人等前沿新兴技术产业。这些信息通信前沿技术与生物技术、新能源技术以及新材料技术等交叉融合，逐渐实现了实体经济数字化转型升级，并使得建立在信息通信前沿技术基础上的产业边界逐渐模糊化。

从国际看，欧盟、美国、日本、韩国等发达国家和国际组织的政府部门、产业界、学术界较早地察觉到信息通信前沿技术革命的兴起对社会发展的重要意义，因此均大力开展了前瞻性布局。比如，美国在全球人工智能领域率先布局，美国联邦政府较早就发布了《人工智能、自动化及经济》《为未来人工智能做好准备》《美国国家人工智能研究与发展策略规划》

《美国人工智能倡议》这四个人工智能领域的著名政策文件。在此基础上，美国形成了从数字、技术、产业链、社会经济、伦理宗教等多个维度指导人工智能行业发展的完整体系。实际上，发达国家很早就把信息技术作为战略性新兴产业来培育，2008年国际金融危机后更是认识到新一代信息技术的特殊价值。得益于政府层面的重视和良好的发展基础，发达经济体在新一代信息技术领域整体处于领先位置，建立在信息技术利用基础上的技术进步对全球经济增长的贡献率达到了80%以上。

从国内看，我国政府高度重视信息通信前沿技术发展。早在2010年10月，国务院就颁布了《关于加快培育和发展战略性新兴产业的决定》，明确将信息通信技术作为七大战略性新兴产业之一。2012年9月，中共中央、国务院印发了《关于深化科技体制改革加快国家创新体系建设的意见》，进一步明确要"推动节能环保、新一代信息技术、生物、高端装备制造、新能源、新材料、新能源汽车等产业快速发展，增强市场竞争力"。2014年3月，中共中央、国务院印发的《国家新型城镇化规划（2014—2020年)》强调，"壮大先进制造业和节能环保、新一代信息技术、生物、新能源、新材料、新能源汽车等战略性新兴产业"。至此，新一代信息技术成为国家关注的重点和学术界研究的热点。2021年印发的《中华人民共和国国民经济和社会发展第十四个五年规划和2035年远景目标纲要》明确要"聚焦新一代信息技术、生物技术、新能源、新材料、高端装备、新能源汽车、绿色环保以及航空航天、海洋装备等战略性新兴产业"。2024年1月，工业和信息化部等七部门联合印发了《关于推动未来产业创新发展的实施意见》，明确了2025—2027年的产业发展目标和重点任务等。

第二节　行业特点

信息通信前沿技术行业具有许多特点，这些特点决定着技术攻关的方式与策略。

（1）创新和发展迭代快。信息通信前沿技术充满创新，技术迅速发展，各种新技术、新模式的变化、发展、迭代非常快，需要不断跟踪最前沿的技术发展趋势，确保攻关方向具有竞争力。

（2）高风险高回报。信息通信前沿技术攻关通常具有高度的不确定性和竞争性，既有巨大的市场机会，也需要面对潜在的高风险。很多项目场景对信息通信前沿技术的应用越来越广泛，价值越来越大，投资项目的回报率也越来越高。

（3）创业文化。信息通信前沿技术行业培育了创业文化，许多初创企业都希望获得初期融资以支持其发展，风险投资和天使投资在这方面扮演着关键的角色。

（4）数据隐私和安全。随着信息通信前沿技术的发展，数据隐私和安全问题变得愈发突出。

第三节　面临的挑战

信息通信前沿技术是当今世界创新最活跃、渗透性最强、影响力最广的领域，正在全球范围内引发新一轮的科技革命，并以前所未有的速度转化为现实生产力，引领科技、经济和社会日新月异。目前，我国在推进信息通信前沿技术发展方面，依然面临诸多挑战。

一、核心技术存在显著短板

长期以来，我国在信息通信前沿技术产业发展方面对国际化、全球化依赖过高，由于历史的局限性，最开始我国仅满足改良式的创新。并且，我国高端复合型人才不足，创新能力有待提高，因此目前还不足以支撑我国信息通信前沿关键核心技术产业完全实现自主创新。近年来，在国家鼓励科技创新等政策的支持下，我国信息通信前沿技术领域的创新能力明显增强，但是在核心技术、关键技术上，取得的突破性进展并不多。而以欧美为主的发达国家或地区通过较为成熟的技术创新体系，长期垄断着信息通信前沿产业的尖端技术。2023年12月，欧盟执委会发布《2023年欧盟工业研发投资记分牌》(The 2023 EU Industrial R&D Investment Scoreboard)，对于研发投入排名前2500名的企业进行了统计。数据显示，美国有827家企业进入榜单，高居第一，比2021年多了6家公司，总研发投资高达5265亿欧元；我国（除港、澳、台）有679家公司进入榜单，名列第二，比2021年多了1家，总研发投资高达2220亿欧元。通过对标，不难看出，我国与美国之间的差距依然很大。此外，我国基础科技成果转化率与发达国家相比存在较大差距。据统计，美国国家科技成果转化率达到40%左右，我国的转化率仅为10%，亟待全面突破。

二、关键基础材料依赖进口

我国在发展信息通信前沿技术的过程中，对关键基础材料、基础元器件、先进制造工艺等自主可控能力不强，对全球科技强国、制造强国的依赖性较大，技术水平与国际先进国家相比仍存在较大差距。比如，我国在光刻机、芯片、操作系统、核心工业软件、核心算法等诸多领域，都存在关键核心技术受制于人的情况。尽管我国部分零件实现了国产化替代，但是核心装备依赖进口。此外，所涉及的原材料等，是我国工业领域一个突出的薄弱环节，制约了我国信息通信前沿技术的攻关。

2020年上半年，工业和信息化部对全国30多家大型企业的130多种关键基础材料的调研数据显示：32%的关键材料在我国仍为空白，52%的关键材料依赖进口；此外，绝大多数计算机和95%的服务器、通用处理器的高端专用芯片，70%以上智能终端处理器，以及绝大多数存储芯片依赖进口。鉴于设备对国外的高度依赖，材料无法长期备货，外部环境恶化可能导致上游供应短缺风险。我国集成电路制造业的设备和材料高度依赖进口，贸易全球化受阻带来的供应链采购风险成了我国半导体产业发展所面临的重要不确定因素之一。

三、供需两侧发展极不均衡

一是各垂直行业领域的数字化转型升级程度不同，部分传统产业还处于数字化转型的起步阶段，核心工艺技术也没有找到与信息通信前沿技术有效融合的发展方式，相对薄弱的数字基础又难以匹配新一代信息通信前沿技术的落地要求。

二是我国中小微企业较多，受限于市场规模较小、实施周期不明确、人才短缺等问题，应用信息通信前沿技术探索发展的内生动力不足。

三是从发展区域来看，信息通信前沿技术企业分布呈现出明显的区域集群，超过50%的信息通信前沿技术企业聚集在5%的城市里，东西部和城乡数字化转型明显发展不平衡。

第四节 热点技术

2022—2023年，全球信息通信前沿技术与产业规模均保持高速发展。一方面，信息通信前沿技术正在加速推进新一轮的科技革命和产业变革，这也在很大程度上促成了以数字理念、数字发展、数字治理、数字安全、数字合作等为主要内容的数字生态建设，对全球经济社会发展、人民生产生活和国际格局产生了广泛且深远的影响，给社会生产方式、人民生活方式和政府治理方式等带来了深刻变革。可以说，信息通信前沿技术正从助力社会经济发展的辅助工具转变为引领社会经济发展的核心引擎。另一方面，技术进步不可避免地对经济社会和国际关系产生负面溢出效应，新一代信息通信前沿技术已成为国家利益的交汇点和国家冲突新的策源地，大国围绕信息通信前沿技术的博弈日趋激烈。

当前，全球范围内将元宇宙、大模型、量子信息、脑机接口、6G、人形机器人等视为信息通信领域最前沿技术，认为这些前沿技术不仅推动着科技创新和产业升级，也为人类社会的创新发展注入了持续的动力。此外，这些技术的广泛应用，将变革生产生活方式，促进人类社会繁荣发展。信息技术的持续创新，将成为促进经济发展、推动社会进步、增进人类福祉的重要力量。在此期间，俄乌冲突、巴以冲突、新冠疫情冲击加速了百年变局的演进，国际格局激烈动荡加剧了国家间的竞争，这也促使信息通信最前沿技术作为新一轮科技革命和产业变革的关键力量而成为世界主要经济体争夺的高地。因此，本书将重点介绍元宇宙、大模型、量子信息、脑机接口、6G 以及人形机器人的发展情况。

第二章

元宇宙技术与应用

元宇宙（metaverse）的概念最早出现在美国作家尼尔·斯蒂芬森（Neal Stephenson）1992年出版的小说《雪崩》中。2021年前后，在新冠疫情倒逼线上需求的背景下，元宇宙概念开始在全球范围内迅速升温，成了当年信息通信行业关注的焦点之一。

从政府层面看，以美国、韩国为代表，国外元宇宙政策布局呈现出了"举旗立帜"与"寸辖制轮"两种发展思路。我国相关部门针对元宇宙也出台了相关的支持政策，如工业和信息化部等五部门联合发布了《虚拟现实与行业应用融合发展行动计划（2022—2026年）》。

从产业层面看，脸书、微软、谷歌、高通、英伟达等世界科技巨头以及我国的腾讯、网易、字节跳动等互联网公司也在积极布局。从目前元宇宙潜在的应用场景来看，元宇宙有可能对人类生产生活方式产生重大变革，也会对大国之间的博弈产生较大影响，因此被各国视为争夺下一代互联网生态主导权的重大机遇。

第一节　元宇宙概述

一、元宇宙的起源

元宇宙来自英文单词metaverse，其前缀meta的意思是超越，词根verse则源自宇宙universe，直译过来就是元宇宙。元宇宙这一概念最早出自尼尔·斯蒂芬森1992年出版的科幻小说《雪崩》（*Snow Crash*）。《雪崩》描述了一个和人类社会紧密联系的三维数字空间。在现实世界中，地理位置彼此隔绝的人们，可以通过各自的"化身"进入三维数字空间进行交流娱乐，也可以用数字化身来控制并相互竞争以提高自己的地位。

二、元宇宙的概念

当前，元宇宙还处于定义模糊的阶段，业界对元宇宙的概念认知存在较多争议，不同人对元宇宙有不同定义，甚至有些科技企业和投资圈把元宇宙本身当作产品噱头进行宣传。而专家、学者对元宇宙的态度则比较中立。经过文献检索，笔者发现目前学术界关于元宇宙的研究大多能够比较客观地论述元宇宙的体系架构、系统构成、关键技术、特征属性等。此外，学术界重点探讨过元宇宙与现实世界的关系、元宇宙实现的技术路径、元宇宙的演进过程、元宇宙应用等相关问题。以下是学术界比较典型的定义。

北京大学董浩宇博士和陈刚教授在元宇宙特征与属性 START 图谱中提出，元宇宙是利用科技手段进行链接与创造的、与现实世界映射与交互的虚拟世界，具备新型社会体系的数字生活空间。

清华大学新闻学院沈阳教授认为："元宇宙是整合多种新技术而产生的新型虚实相融的互联网应用和社会形态，它基于扩展现实技术提供沉浸式体验，以及数字孪生技术生成现实世界的镜像，通过区块链技术搭建经济体系，将虚拟世界与现实世界在经济系统、社交系统、身份系统上密切融合角度并且允许每个用户进行内容生产和编辑""元宇宙仍是一个不断发展、演变的概念，不同参与者以自己的方式不断丰富着它的含义"。

还有部分专家、学者从时空性、真实性、独立性、连接性四个方面对元宇宙进行了交叉定义，比如，从时空性角度，认为元宇宙是一个空间维度上虚拟而时间维度上真实的数字世界；从真实性角度，认为元宇宙中既有现实世界的数字化复制物，也有虚拟世界的创造物；从独立性角度，认为元宇宙是一个与外部真实世界既紧密相连又高度独立的平行空间；从连接性角度，认为元宇宙是一个把网络、硬件终端和用户囊括进来的一个永续的、广覆盖的虚拟现实系统。此外，部分专家、学者还探讨了元宇宙中可能出现的风险和社会问题。

笔者综合考虑各种因素后认为，元宇宙产业尚处于发展早期，产业链利益相关方的出发点和认知水平不尽相同，目前尚无标准的定义。但总体来看,业界普遍认为元宇宙并不是依靠某几项单一的技术实现的,也不是单纯的某几类应用场景,而是以区块链、人工智能、交互传感等多种技术融合为基础,人/企业/组织等以数字身份共同参与并共同建设的、由数字世界和物理世界相互作用而形成的产业生态体系。其内涵涉及技术、经济、社会多层面,是以人为中心、沉浸式、实时永续、具备互操作性的互联网新业态。它将催生 3D 虚实融合的数字体验,是新一代信息通信前沿技术集成创新和应用的未来产业,是数字经济与实体经济融合的高级形态。它将创造由数字"比特"与人类"原子"深度融合的新型社会景观。

三、元宇宙的误区

虽然元宇宙尚处于发展早期,业界也没有明确的标准定义,但目前业界存在元宇宙即扩展现实(XR)、元宇宙即游戏、元宇宙即虚拟世界或社交平台的三大认知误区。因此,笔者有必要就此进行说明。

(一)元宇宙不是单纯的扩展现实

扩展现实是一种关于虚拟现实 VR、增强现实 AR、混合现实 MR 的综合概念,它只是体验或者接入元宇宙世界的一种形式或者方式,是元宇宙发展的必要非充分基础技术和设备使用场景。与此相似,虚拟引擎、WebXR 等虚拟工具,也只是为元宇宙提供实现的技术支持,而不能代表元宇宙。

(二)元宇宙不是单纯的电子游戏

目前,大部分在线游戏的人物、情节、任务等,都需要开发者提前预设。虽然允许玩家具有一定的开放探索能力,但这种权限无法实现完全的自由度。此外,元宇宙在多人在线的场景下,需要具备可编辑性、高仿真性、自动内容生成、去中心化等特征,目前的电子游戏无法实现这些功能。也就是说,电子游戏是平台公司建立世界观(PGC),而非由用户定义世界观(UGC),因此游戏仅是元宇宙概念下的应用场景之一。但不可否认的是，游戏为元宇宙的发展提供了直接快速的实现场景，而元宇宙也成为游戏厂商新品开发的重要方向之一。

（三）元宇宙不是单纯的、架空的虚拟世界或社交平台

根据前述分析的元宇宙的概念，元宇宙一定是与现实生活深度联结的，人们可以通过虚拟镜像折射现实生活，身份、权利、经济行为、社交关系等都可以在元宇宙中得到体现，线下的社会生活将能够在线上得到高度还原。也就是说，与元宇宙游戏相类似，虚拟世界或社交平台仅是元宇宙实现的重要场景之一，并非元宇宙的全部。与以往的虚拟世界不同，在元宇宙中每个个体都有独一无二的数字身份，基于此，元宇宙数字资产才具备归属、交易、增值的基础，这也是元宇宙高于数字孪生的主要原因。比如，当前非常火的"NFT头像"正是基于此才具备资产价值。NFT作为元宇宙的底层机制要素，是促使元宇宙落地的根本性保障。

上述说明也印证了元宇宙不是依靠某几项单一的技术实现的，也不是单纯的某些场景应用，而是由数字世界和物理世界相互作用而形成的产业生态体系。

四、元宇宙的特征

2021年3月10日，Roblox上市并受到追捧，它在招股书中提到了元宇宙。Roblox成为全球首个将元宇宙写进招股说明书的公司。Roblox在其招股说明书指出元宇宙具有八个关键特征：identity（身份）、friends（朋友）、immersive（沉浸感）、low friction（低延迟）、variety（多样性）、anywhere（随地）、economy（经济）、civility（文明）。目前，业界对这八大特征存在不同程度的争议，但大部分特征被接受。

笔者在Roblox招股说明书的基础上，对上述八大特征进一步做了概括、归类、总结，认为元宇宙包含"虚拟原生"与"虚实共生"的双重含义，其中前者强调元宇宙与现实世界的独立性，后者强调连接性，两者对立统一。虚拟原生，基于数字化技术手段，通过构建的人或事物的数字孪

生，在虚拟世界中实现从身份认同、货币交易、社区归属到职业发展等社会活动。虚实共生，利用技术手段，打破时空的间隔与现实定律的束缚，极大增强人类的感知能力与认知能力，实现虚实空间的相互融合及相互影响。因此，笔者分析认为，元宇宙总体应该具有社交第一性、感官沉浸性、交互开放性、能力可扩展性四大特征。

（1）社交第一性。元宇宙既存在与现实世界堆叠的经济系统以及社交场，也存在与现实世界平行的经济系统以及社交场。自然人拥有独立身份的"数字化身"，所有的用户轨迹都会被记录成为数字资产。与此同时，元宇宙的法律和伦理规则也将根据现实衍生而来。

（2）感官沉浸性：沉浸感是元宇宙与现实世界融合的基础，用户在元宇宙虚拟空间中将拥有"具身的临场感"，并借助硬件、交互技术手段的进步，在视觉、听觉、触觉、嗅觉等方面实现感官体验的扩展。

（3）交互开放性：借助技术升级，元宇宙不仅包括虚拟空间人与人的交互，同时实现虚拟与现实的叠加。重构的内容生产方式，从自然人生产变成人与 AI 共同作为内容生产与运营的主体。

（4）能力可扩展性：在基础设施、标准及协议的不断迭代演进下，多平台融合并呈现出工具化的发展方向，具体表现为由外置算力、人机交互的升维。用户获得打破物理空间局限性的能力，为内容创作提供全新的文字、图片、视频载体，以及用户基于工具在元宇宙实现内容创作和编辑。

第二节　全球元宇宙发展情况

一、美国元宇宙发展情况

（一）在政策层面

总体来看，美国关于元宇宙的探索采用了支持与监管并行的策略。一方面，美国政府十分支持产业界开展元宇宙领域探索。比如，2021 年 12

月,共和党议员帕特里克·麦克亨利(Patrick McHenry)在国会加密行业听证会提出"确保Web 3.0革命发生在美国";2022年3月,Biden(拜登)签署《关于确保负责任地发展数字资产的行政命令》,强调加强美国在全球金融体系以及数字资产方面的领导地位。另一方面,美国监管机构也关注数据安全和隐私保护问题,如生物特征、位置和银行信息、消费习惯、游戏习惯等,被美国政府纳入数据安全和隐私保护的范畴。例如,为了遏制数据滥用和隐私泄露,2018年,美国联邦贸易委员会(Federal Trade Commission,FTC)对脸书的消费者数据泄露行为处以50亿美元的罚款,并对这个社交媒体平台实施了更严格的隐私限制。此外,美国监管部门就数据安全提出了设想。例如,美国商品期货交易委员会(Commodity Futures Trading Commission,CFTC)建议,如果智能合约代码明显可以用于违反CFTC规定的场景,那么智能合约代码开发人员就可以被起诉。

(二)在技术层面

美国产业界对于元宇宙的关注聚焦在基础设施与功能性平台上,其核心竞争力则主要体现在硬件入口、后端基建以及底层架构等方面。

在硬件入口方面,美国Facebook Oculus是全球VR/AR头显领域的头部企业,早在2021年它的全球市场份额就达到了75%。在图像处理芯片(GPU)领域,美国英伟达在全球拥有绝对的话语权与主导权。比如,亚马逊云平台、谷歌、微软云计算中有超过97%的AI加速器使用了英伟达的产品。

在后端基建方面,美国产业界在云计算领域占有主导地位。亚马逊、微软、谷歌、国际商业机器公司等科技巨头在云计算领域的市场占有率均排在全球前列。以亚马逊为例说明,亚马逊拥有强大的云计算服务能力,是全球云服务提供商的头部企业。目前,全球90%以上大型游戏公司使用亚马逊云进行在线托管。

在人工智能方面,美国产业界在人工智能算法基础框架上进行了大量的研究与应用。比如,谷歌、脸书、亚马逊、微软等科技巨头都布局了基础算法框架，推出了诸如 TensorFlow、MXNet、CNTK、Caffe 等主流人工智能算法框架。其中，谷歌研发的 TensorFlow 已经成为全球最受欢迎的深度学习开源算法框架，被大量人工智能项目当作基础算法框架。

在底层架构方面，美国 Unity 开发的游戏引擎、Epic Games 的虚幻引擎、Decentraland 的经济系统、英伟达的 Omniverse 硬件底层等，都为元宇宙世界创作者提供了强大的创作工具。这些底层架构不仅应用在游戏、影视等领域，在工业化和自动化生产领域也得到了推广。

（三）在应用层面

在应用层面，美国的元宇宙应用不再局限于游戏、娱乐等面向消费者（to C）的场景，也开始面向工业设计、智慧城市等 B 端的应用场景。

在面向 C 端消费者场景的应用中，2020 年 4 月，美国说唱歌手特拉维斯·斯科特（Travis Scott）在堡垒之夜游戏中举办虚拟演唱会，吸引了 1230 万用户同时在线观看。同年，说唱歌手利尔·纳斯·X（Lil Nas X）在 Roblox 平台上举办虚拟演唱会，超过 3000 万粉丝参加，元宇宙用户可在数字商店中解锁数字替身、纪念商品和表情包等。此外，在虚拟展览领域，美国个人消费者可以欣赏展览并选购虚拟单品。总体来看，在面向消费者场景的应用中，美国已经实现了娱乐、消费、工作会议等场景的沉浸式体验。

在面向 B 端客户场景的应用中，美国英伟达推出的 Omniverse 平台最为典型。Omniverse 平台的应用不再局限于游戏、娱乐等面向消费者的场景，还向建筑工程与施工、制造业、超级计算等行业提供服务。比如，英伟达与宝马的合作，利用 Omniverse 平台打造虚拟工厂，设计整个工厂的端到端数字孪生，模拟出完整的工厂模型，包括员工、机器人、建筑物、装配部件等，让宝马全球生产网络中数以千计的产品工程师、项目经理、精益专家可以在虚拟环境中进行协作，完成新产品的设计、模拟、优化等过程。

二、韩国元宇宙发展情况

（一）在政策层面

在元宇宙浪潮出现后，韩国政府将元宇宙作为未来经济、社会发展的重要引擎，加快元宇宙相关产业的发展。比如，2020 年 12 月，韩国政府发布《虚拟融合经济发展战略》，该战略旨在指引虚拟融合经济的发展，并提出要以基础设施建设和数字新政为基础，支持 XR 产业的普及。再如，2021 年 5 月，韩国科技和信息通信部主办的扩展虚拟世界联盟正式成立，扩大产业生态发展中的公私合作，参与企业从 30 家左右快速扩张到 450 家以上。2021 年 7 月，韩国发布"新政 2.0"，将元宇宙与大数据、人工智能、区块链等列为重点项目。随后，韩国科技和信息通信部发布实施"数字新政 2.0"，提出要全面支持元宇宙内容生产和核心技术开发。同年 9 月，韩国又提出要在 2025 年之前投资 2.6 万亿韩元用于培育元宇宙、区块链、数字孪生、智能机器人等"超链接新产业"领域。2022 年 1 月，韩国政府发布《元宇宙新产业引领战略》，该战略的核心策略有元宇宙生态和基础平台建设、人才培养和基地扩张、专业化企业培育、打造可靠的元宇宙环境建设等，目标是到 2026 年韩国元宇宙全球市场份额从 2022 年的第 12 位升至第 5 位，培养 4 万名元宇宙领域专家、220 家销售额超过 50 亿韩元的供应商企业，并打造 50 个模范案例。此外，韩国政府在全球范围内率先建立"元宇宙联盟"。该联盟由韩国信息通信产业振兴院联合 25 个机构成立，旨在通过政府和企业的合作，在民间的主导下构建元宇宙生态系统，在现实和虚拟的多个领域，实现开放型元宇宙平台。

（二）在技术层面

韩国产业界在元宇宙领域的布局主要以三星为代表，它在相关技术领域布局多年，是元宇宙的主导力量。三星在"虚拟数字人"细分领域的技术较为强大。例如，2020 年，三星创新实验室（STAR Labs）在 CES2020

展会上推出人工智人（artificial human）项目。NEON 的 CORE R3 平台均以人工智能为关键技术，帮助 NEON 实现了沉浸式体验。总体来看，NEON 展现出了能够像真人一样快速响应对话、做出真实的表情神态的能力，其可以构建机器学习模型，在对人物原始声音、表情等数据进行捕捉并学习之后，形成像人脑一样的长期记忆。此外，三星公司正在开发 SPECTRA 平台，该平台将从智力、学习、情感和记忆等方面，与 CORE R3 平台形成能力互补，进一步给 NEON 赋能，从而使 NEON 的体验达到沉浸式。

（三）在应用层面

韩国在"虚拟数字人"方面的技术较为领先，因此目前应用的场景以偶像产业为主。比如，SK 电信开发的基于 AR 技术的 App。在该 App 上，用户可以设计自己的 AR 形象，并放置在现实场景中拍摄照片、视频。此外，该 App 使用体积视频捕捉技术，允许用户与偶像随时随地合影留念。例如，游戏企业 NCsoft 推出的元宇宙平台为粉丝们提供诸如私密通话的服务，粉丝可以收到深度学习生成的艺人的语音信息等。又如，韩国 Snow 公司推出 ZEPETO 社交平台，2020 年 9 月，ZEPETO 社交平台举行了韩国偶像组合"BLACKPINK"的虚拟签名会，超过 4000 万人参加。整体来看，韩国在"虚拟数字人"方向的应用已相对较为成熟，与偶像产业相结合具有非常多的应用场景。随着元宇宙生态的成熟，预计后续将会带来较大的增长机会。

三、日本元宇宙发展情况

（一）在政策层面

日本政府总体上扶持元宇宙相关产业，旨在建立新型国家优势。2021 年 7 月，日本经济产业省发布《关于虚拟空间行业未来可能性与课题的调查报告》，将元宇宙定义为"在一个特定的虚拟空间内，各领域的生产者向消费者提供各种服务和内容"。此外，报告认为元宇宙应将用户群体扩大到一般消费者，应降低 VR 设备价格及体验门槛，并开发高质量的 VR 内容，留住用户。政府应着重防范和解决"虚拟空间"内的法律问题，并对跨国、跨平台业务的法律适用等加以完善。政府应与业内人士制定行业标准和指导方针，并向全球输出此类规范。这些建议体现了日本政府对元宇宙行业布局的思考，即通过现有的发展成果尽可能在民众范围内推广元宇宙理念，同时通过指导与政策制定来规范元宇宙的建设。

此外，日本的加密资产（虚拟货币）兑换平台 FXCOIN 等在 2021 年 12 月成立名为"一般社团法人日本元宇宙协会"的元宇宙业界团体。相关团体将与金融厅等行政机关相互配合，启动元宇宙市场构建，助推元宇宙实现规模化发展。

（二）在技术层面

日本元宇宙方向的技术布局主要围绕 VR 硬件设备及游戏生态展开。比如，日本索尼与 VR 开发商 Hassilas 建立了 Play Station 主机系统和游戏生态，且 Play Station VR 的全球销量已经占据了前三位，并在 2020—2021 年两次投资 Epic Games，在虚幻引擎等技术方面有所布局。

此外，索尼推出了一款名为梦想宇宙（Dreams Universe）的开放创造类游戏，用户可以在上面进行 3D 游戏创作、制作视频，并分享到 UGC 社区。

（三）在应用层面

在动漫领域，日本依托雄厚的动漫 ACG 基础，将元宇宙技术与动漫业进行充分的结合，已经实现了较好的虚拟化效果。例如，2021 年 8 月，爱贝克思商业发展公司（Avex Business Development）与数码动感公司（Digital Motion）联合成立了爱贝克思虚拟公司（Vitual Avex），旨在促进动漫或游戏角色、艺术家活动、演唱会等虚拟化。又如，2020 年 3 月，任天堂发布"动物之森"系列第 7 部作品《集合啦！动物森友会》。与此前的"动物之森"相比,在第 7 部作品中,每个用户都可以设计自己的衣服、招牌等道具。

在演出及会议等领域,2020 年 7 月,全球顶级 AI 学术会议 ACAI 在"动物森友会"上举行研讨会。此外,Cluster 公司推出了 VR 虚拟场景多人聚会,用户可以自由创作 3D 虚拟分身和虚拟场景。日本 VR 开发商 Hassilas 公司也研发了元宇宙平台。该平台无须注册,用户就可以通过浏览器直接访问。商务用户可在此平台上快速举办产品发布会,并为与会者提供视频介绍和 3D 模型体验。

四、我国元宇宙发展现状

(一) 在政策层面

在国家层面,总体采用在监管下有序发展元宇宙的策略。一方面,审慎监管元宇宙概念的炒作及相关风险。2021 年 12 月,文旅部发布《关于加强"元宇宙"相关问题预前治理的建议》,对"元宇宙"进行提前治理监管,杜绝虚拟空间出现法外之地。2022 年 2 月,中国银保监会发布明确打击以"元宇宙投资项目""元宇宙链游"等名目非法集资、诈骗等违法犯罪活动。另一方面,支持元宇宙产业链内的积极应用和技术赛道。2022 年 1 月,工业和信息化部在支持中小企业发展工作情况发布会上明确表示将"培育一批进军元宇宙等新兴领域的创新型中小企业"。2022 年 10 月,召开工业元宇宙协同发展组织成立大会,并宣布启动《工业元宇宙创新发展三年行动计划(2022—2025 年)》,以推动元宇宙的发展。

在地方层面,我国东部沿海省份率先布局,各地相关政策陆续发布。比如,浙江、山东、江西、河南、贵州、安徽、黑龙江、北京、上海、重庆等地,以及广州、深圳、成都、沈阳、武汉、杭州、南京、厦门、合肥、南昌、无锡、海口、三亚、保定等地相继以"十四五"规划、政府工作报告、产业政策、行动计划等形式推出了相关政策。

此外,深圳、重庆、武汉、厦门、无锡、南京、河南等地的支持政策方向包括元宇宙整体产业建设和发展相关底层技术，政策内容涵盖产业园区建设、人才引进、知识产权保护、财政支持等多个维度。

（二）在技术层面

我国的科技企业均在布局元宇宙相关产业，内容应用的布局较硬件端更为积极。从硬件端来看，2022 年 9 月，字节跳动先于 Meta 发布配备 Pancake 光学方案的 VR 头显 Pico 4；华为在芯片和终端设备发布 XR 芯片平台和华为 VR Glass 6DoF 游戏套装。从内容生态端来看，腾讯通过资本+流量组合拳，在社交、游戏、企业服务等领域探索参与开发元宇宙的内容场景；百度在 2021 年 12 月发布元宇宙平台"希壤"，在 2022 年推出了数字人创作平台"曦灵"；芒果超媒通过"互动+虚拟+云渲染"三个方面构建芒果元宇宙的基础架构，已上线泛娱乐内容社交平台"芒果幻城"。总体来看，从元宇宙的六大组件来看，我国在后端基建方面具备优势，在云计算、人工智能等领域开始逐步追赶国际巨头。

（三）在应用层面

我国的元宇宙应用场景还主要集中在 to C 体验类应用场景上，以社交与游戏等场景为主。比如，包括腾讯、字节跳动等互联网巨头已形成了相对全面的业务布局。此外，米哈游、莉莉丝等公司主要从游戏切入元宇宙。总体来看，得益于巨大的人口优势所带来的网民规模优势，我国在移动应用层面逐步显现出领先的态势，在 to C 领域的场景应用方面爆发出巨大的潜力。

此外，在移动互联网时代，我国在变现流通环节已经表现出强大的主观能动性，如直播电商的发展与快速崛起。元宇宙中的虚拟数字人已经在营销领域有诸多应用。例如 2020 年 5 月，魔珐（上海）信息科技有限公司与北京次世文化传媒有限公司共同打造的虚拟偶像翎（Ling）正式出道；2021 年 9 月，阿里推出虚拟数字人 AYAYI。总体来看，基于在变现环节强大的主观能动性，我国数字藏品（NFT）与虚拟数字人未来将有较大的发展空间。

第三节　元宇宙核心技术体系

一、元宇宙生态体系

当前，随着元宇宙应用场景的不断成熟，元宇宙已经在朝着超大规模、极致开放、动态优化的复杂系统方向演进。这个复杂系统涵盖了各个领域的参与者，如网络空间、硬件终端、各类厂商和广大用户。同时，这个复杂系统保障虚拟现实应用场景的广泛连接，并展现为超大型数字应用生态的外在形式。一个长期、稳定、健康的元宇宙生态系统需要具备五大体系。

（一）技术体系

作为一种多项数字技术的综合应用，元宇宙技术体系将呈现显著的集成化特征。一方面，元宇宙运行的技术体系，包括了扩展现实、数字孪生、区块链、人工智能等单项技术应用的深度融合，以技术合力实现元宇宙场景的正常运转；另一方面，元宇宙与生产活动具有更紧密的关联性，因此元宇宙技术体系将接入更多不同的产业技术。产业技术将成为元宇宙技术体系的重要组成部分。

（二）连接体系

随着新一代信息通信前沿技术的持续深入，社会发展将日益网络化，元宇宙的连接体系拓展过程正好与社会网络化这一趋势相遇。元宇宙的连接体系主要包括两部分：内部连接，即元宇宙内部不同应用生态之间的连接；外部连接，即元宇宙与现实世界的连接。

（三）内容体系

视觉仿真因素的全面融入，推动信息传递从二维平面升级到三维立体空间。未来内容输出形式将更加生动灵活，有力增强了用户的真实感、临场感和沉浸感，极大扩充和丰富了元宇宙的内容体系。元宇宙的内容体系主要涵盖两大类型：一类是娱乐、商业、服务等传统网络内容的立体化呈现；另一类是文化和创意产业在元宇宙中进一步融合所衍生的一系列全新内容，即虚拟世界的创造物。

（四）经济体系

元宇宙经济是实体经济与虚拟经济深度融合的新型数字经济形态，具有始终在线、完整运行、高频发生等特征。从交易角度来看，一个正常运转的元宇宙经济体系包括四个基本要素：（1）商品，既有现实世界在元宇宙中的数字化复制物，也有虚拟世界全新的创造物；（2）市场，元宇宙中商品和服务的交易场所；（3）交易模式，元宇宙中将有去中心化金融（DeFi）、非同质化代币（NFT）等多种共存的交易模式；（4）安全，这是保障交易活动规范有序的安全要素。

（五）法律体系

只有法律的保驾护航，才能有效解决元宇宙这一新生事物可能引发的各种问题，有效推进其健康发展。元宇宙的法律体系至少包括三部分内容：（1）现实法律的重塑与调整，为规范虚拟主体人格做好铺垫；（2）保障元宇宙经济社会系统正常运行的交易、支付、数据、安全等法律规范；（3）对元宇宙开发和应用进行外部监管的法律法规。

二、元宇宙技术架构

元宇宙发展与应用的核心是底层科技和技术的迭代更新与普及应用。虽然产业界对于元宇宙还有很多争议，元宇宙自身发展也面临不确定性和不可预测性，但对于元宇宙时代的互联网具体是什么样子，它将如何改变生活、社会、文明，目前我们还不能精准预测。底层科技和技术大致的发展方向是可追寻和可预测的,元宇宙发展初期,科技—应用的发展正循环是可以跟踪的,这也就成了研究元宇宙技术架构分层的基石。

参考元宇宙的应用,星瀚资本创始合伙人杨歌的元宇宙7层架构,海外VC投资人马修·鲍尔(Matthew Ball)的元宇宙框架,将元宇宙技术架构按"科技—应用"发展正循环进行分析,从下到上,大体可分为底层硬科技(核心)、硬件计算平台、系统、软件、应用,以及让整个元宇宙生态运作起来的经济系统这6层架构(见表2-1)。

表2-1 元宇宙技术架构及其技术与工具

层序号	层名称	主要技术与工具	细分技术
第6层	经济系统	区块链	—
		—	
第5层	应用	工业互联网	—
		数字工厂	—
		社交	—
		游戏娱乐	—
		—	
第4层	软件	底层工具	物理引擎
			3D建模
			实时渲染
			—
		人工智能	AIGC
			数字孪生
			虚拟人
			—
第3层	系统	华为鸿蒙	—
		安卓	
		iOS	

续表

层序号	层名称	主要技术与工具	细分技术
第2层	硬件计算平台	XR	VR
			AR
			传感计算
		脑机交互	—
		全息影像	—
		智能手机	—
		PC	—
		半导体	CPU/GPU
第1层	底层硬科技（核心）	人工智能	机器学习
			自然语言处理
			智能交互
			数字孪生
			传感器
			计算机视觉
		数据传输/交互	5G
			AIOT
			传感器
			新基建
		云	云计算
			边缘计算
			云架构

三、元宇宙核心支撑技术

通过前述分析可知，元宇宙的核心功能原理是数字网络空间与物理世界的开放互联与深度融合，因此它是整合多种新技术而生成的与现实世界映射并平行交互的虚拟世界，是通过科技手段进行创造与链接的具备新型社会体系的数字生活空间。

元宇宙英文单词为 metaverse，是 meta 和 universe 的组合，意思就是超越现有的宇宙。这也是为什么扎克伯格（Zuckerberg）把公司名字 Facebook 改成 Meta 的原因，因为他希望获得在互联网上的超越。那么，元宇宙怎样形成一个更高层次、更超越的宇宙呢？元宇宙的设计者们给出了一个初步的答案，即通过区块链（blockchain）、人机交互（interactivity）、电子游戏（game）、人工智能（artificial intelligence）、网络与算力（network）、物联网（internet of things）六大支撑技术。这六大支撑技术的英文首字母构成了 bigant，被业界趣称为"大蚂蚁"。"大蚂蚁"可以说集数字技术之大成。

（一）区块链技术

区块链的英文是 blockchain，即 block（区块）+chain（链）。它是一种融合多种技术的分布式计算和存储系统，可提供在不可信网络中传递信息的可信机制，具备"数据难篡改、资源可追溯、价值可交换"的特征。区块链有构建区块的哈希算法、加密区块的数字签名、传输区块的 P2P 网络、可信区块的共识机制、处理区块的智能合约五大关键技术。

元宇宙拥有属于自己的经济系统和数字资产，其构建需要区块链技术，可以说区块链是支撑元宇宙经济体系最重要的基础。元宇宙一定是去中心化的。在元宇宙中，用户的虚拟资产必须能跨越各个子元宇宙进行流转和交易，才能形成庞大的经济体系。通过非同质化代币（non-fungible token，NFT）、分布式的自治组织（decentralized autonomous organization，DAO）、智能合约、去中心化金融（decentralized finance，DeFi）等区块链技术和应用，将激发创作者经济时代，催生海量内容创新。基于区块链技术，将有效打造元宇宙去中心化的清结算平台和价值传递机制，保障价值归属与流转，实现元宇宙经济系统运行的稳定、高效、透明和确定性。

（二）人机交互技术

扩展现实（extended reality，XR）是 VR（virtual reality，虚拟现实）、

AR（augmented reality，增强现实）、MR（mixed reality，混合现实）的统称。XR通过机器将现实与虚拟相结合，打造一个可人机交互的虚拟环境，为体验者带来栩栩如生的沉浸感。如果说未来社会的终极形态就是元宇宙，那么人机交互技术无疑是元宇宙实现升维的关键技术之一，即通过AR、VR等交互技术提升游戏的沉浸感。

人机交互技术是制约当前元宇宙沉浸感的最大瓶颈所在。交互技术分为输出技术和输入技术。其中，输出技术包括头戴式显示器、触觉、痛觉、嗅觉甚至直接神经信息传输等各种将电信号转换于人体感官的技术。输入技术包括微型摄像头、位置传感器、力量传感器、速度传感器等。复合的交互技术还包括各类脑机接口，这也是交互技术的终极发展方向。

目前，包括Oculus Quest 2在内的大部分产品只支持到双目4K，刷新率从90Hz提高到120Hz，还只是较粗糙的玩具级。未来，随着以VR、AR为代表的人机交互技术的发展，由更加拟真、高频的人机交互方式承载的虚拟开放游戏世界，其沉浸感也有望得到大幅提升，从而缩小与元宇宙成熟形态之间的差距。

（三）电子游戏技术

游戏引擎是为运行某一类电子游戏而编写的程序代码集合。游戏引擎为游戏设计师提供编写游戏所需的各种工具，包括渲染引擎、物理系统、碰撞探测系统、光影、动画、粒子特效、音效、脚本引擎、插件、场景管理、编辑工具等。游戏引擎像一个发动机，控制着游戏的运行，按照游戏设计的要求顺序调用游戏资源（动画、声音、图像等）。

游戏是元宇宙的主要切入点。电子游戏技术既包括游戏引擎相关的3D建模和实时渲染，也包括数字孪生相关的3D引擎和仿真技术，可以为元宇宙提供栩栩如生的沉浸感和无与伦比的表现力，让元宇宙变得更加生动、充满想象力。其中，3D引擎是虚拟世界大开发解放大众生产力的关键性技术，如同美图秀秀把PS的专业门槛拉低到现在普通百姓都能做一样，只有把复杂3D人物、事物乃至游戏都拉低到普罗大众都能做，才能实现元宇宙创作者经济的大繁荣。仿真技术是物理世界虚拟化、数字化的关键性工具，同样需要把门槛拉低到普通民众都能操作的程度，才能极大加速真实世界数字化的进程。

目前，元宇宙最大的技术门槛在于仿真技术，即让数字孪生后的事物必须遵守物理定律、重力定律、电磁定律、电磁波定律。例如，光、无线电波，必须遵守压力和声音的规律。电子游戏技术与交互技术的协同发展，是实现元宇宙用户规模爆发性增长的两大前提，前者解决的是内容极度丰富，后者解决的是沉浸感。

（四）人工智能技术

人工智能（artificial intelligence，AI），简单地说，就是对人类智慧的模仿和超越的技术科学。人类智慧是指自然人的智慧，包括记忆、思考、判断、想象、意识、认知、分析、联想、预测、创造、直觉、幻想、审美、本能、潜意识、幽默感、好奇心、爱等。人工智能是指机器人、计算机、服务器甚至是超强服务器集群等机器的智能。AI是一门融合计算机科学、自动化、数理逻辑、信息论、控制论、仿生学、心理学和哲学等领域的交叉学科。

人工智能的能力维度从下到上可以分为三层：最底层是运算智能，即机器"能存会算"的能力，例如存储和计算技术；中间层是感知智能，即机器"能看会认、能听会说"的能力，例如图像识别、语音识别、语音合成等技术；最高层是认知智能，即机器"能懂会想"的能力，例如机器翻译、网络AI等技术。

人工智能技术在元宇宙的各个层面、各种应用、各个场景下无处不在，包括区块链里的智能合约、交互里的AI识别、游戏里的代码人物物品乃至情节的自动生成、智能网络里的AI能力、物联网里的数据AI等，还包括元宇宙里虚拟人物的语音语义识别与沟通、社交关系的AI推荐、各种DAO的AI运行、各种虚拟场景的AI建设、各种分析预测推理等。

(五) 网络与算力技术

网络与算力是元宇宙无法避开的技术难题。当前,为了满足元宇宙对信息处理的巨大算力需求,将大量闲散算力进行统一管理和调度,通过网络将闲散计算资源节点连接在一起,再通过网络将计算资源提供给需要的应用和服务,这种基于网络汇聚计算资源,对算力进行统一管理和调度,实现连接和算力的全局优化,为上层业务提供算力服务,并最终为客户提供应用的系统,被称为"算力网络"。

未来,元宇宙庞大的数据量,对算力的需求几乎是无止境的。元宇宙要求高同步低延时,使得用户获得实时、流畅的完美体验,而这离不开网络及运算相关技术。算力网络将向泛在计算与泛在连接紧密结合的方向演进,推动计算与网络深度融合,为元宇宙提供智能、泛在、柔性、协同、至简、安全的 CPaaS。

目前,VR 设备的一大难题是传输时延造成的眩晕感,其指标为转动头部到转动画面的延迟,5G 带宽与传输速率的提升能有效改善时延并降低眩晕感。此外,边缘计算常被认为是元宇宙的关键基建,可通过在数据源头的附近采用开放平台,就近直接提供最近端的服务,从而帮助终端用户补足本地算力,提升处理效率,尽可能降低网络延迟和网络拥堵风险。云计算作为分布式计算的一种,其强大的计算能力有望支撑大量用户同时在线。

(六) 物联网技术

物联网技术既承担了物理世界数字化的前端采集与处理职能,也承担了元宇宙虚实共生的虚拟世界去渗透乃至管理物理世界的职能。只有真正实现万物互联,元宇宙虚实共生才真正有实现的可能!物联网技术的发展,为数字孪生后的虚拟世界提供了实时精准持续的鲜活数据供给,使元宇宙虚拟世界里的人们在网上就可以明察物理世界的秋毫。

元宇宙是大规模的参与式媒介,交互用户数量将达到亿级。

总体来看,元宇宙基于区块链技术可搭建经济体系;基于人机交互技术可实现更高维度；基于电子游戏技术可提供沉浸式体验；基于人工智能技术可进行多场景深度学习；基于网络及运算技术可打造"智慧连接""深度连接""全息连接""泛在连接"及"算力即服务"的基础设施；基于数字孪生技术可生成现实世界的镜像。它将虚拟世界与现实世界在身份系统、社交系统、经济系统上密切融合，赋能用户进行个性化内容生产和多元化世界编辑，构建虚实融合的数字生活空间。因此，在元宇宙世界中，人类的工作和生活方式都将焕然一新，且在教育场景、工作场景、生活场景、医疗场景、制造场景、旅行场景、健身场景、娱乐场景等场景中已经发挥巨大作用。本书通过调研产业应用情况，对支撑上述场景实践的技术体系进行了梳理分析（见表2-2）。其中，"√"表示必需的技术，其余则表示可选的技术。

表2-2　八个典型场景需要的元宇宙技术种类表

场景名称	区块链	人机交互	电子游戏	人工智能	网络及运算	数字孪生
教育场景	√	√		√	√	√
工作场景	√	√		√	√	
生活场景	√	√	√			
医疗场景	√	√		√	√	√
制造场景	√	√		√	√	√
旅行场景		√		√	√	√
健身场景		√		√		
娱乐场景		√	√	√		

第四节　元宇宙应用前景展望

从产业界的探索实践看，元宇宙应用在随着技术的发展而不断深化，目前在智慧城市、制造业、大健康、文娱旅游等领域的应用已取得了较大突破。

一、元宇宙+智慧城市

当前，数字孪生、VR/AR、AI、物联网等信息通信前沿技术已在智慧城市建设以及城市治理等多个方面发挥了巨大作用。在城市建设和治理变化的新需求背景下，元宇宙可以通过打造虚实融合的管理服务新体验，助力智慧城市升级。

一是元宇宙助力城市物理空间实现综合高效治理。在元宇宙的世界中，人居与能源、工业与环保、商业与交通、生态与建筑等城市运行的各类要素都可以实现全局共享和链接状态，且各要素之间互为关联、互为影响、互为制约。元宇宙通过建立跨系统、跨部门、跨要素的立体式综合城市信息模型，使地理空间、建筑空间、设备空间和公共服务形成有机结合、互为关联的大系统。比如，在元宇宙中，人居需求与空间环境可以产生耦合效应，通过元宇宙海量的模型实例处理能力，将城市中每个居民的潜在需求与空间环境相融合，最终寻找到城市要素最佳的匹配方案。

二是元宇宙助力城市群实现空间链接和协同。根据"十四五"规划，我国共布局了京津冀、长三角、珠三角、成渝、长江中游、山东半岛、粤闽浙沿海、中原、关中平原、北部湾、哈长、辽中南、山西中部、黔中、滇中、呼包鄂榆、兰州—西宁、宁夏沿黄、天山北坡这 19 个国家级城市群，全面形成了"两横三纵"城镇化战略格局。推动城市群打破地理和行政上的隔离，建设具有创新能力与竞争力的可持续发展的城市群，实现区域链接和协同，推动区域一体化发展，是未来发展的重点。在元宇宙中，城市群空间的链接和协同强调区域内城市间物理空间、社会空间等要素的相互关联，依托元宇宙网络可建立广泛全局的数字化空间，依靠在城市之间建立的元宇宙城市节点自由组合和智能化配置可实现资源的优化配置。同时，城市群内的空间建设也可以通过元宇宙城市群数字空间实现映射、感知和反馈。可见，元宇宙在数字虚拟世界中可以详细刻画城市空间建设中的得与失、价值与人居体验、物理世界的价值传递等，使城市群建设中的分析、判断和决策更加高效和智能。

三是元宇宙助力建设数字化家庭空间。元宇宙的城市空间治理不是简单意义的中心化数据采集、分析和决策过程。在元宇宙网络中，家庭空间也可以被数字化为一个本地节点，并参与到整体城市空间的治理中。家庭空间本地节点可以通过隐私计算将敏感数据留在本地，将居住空间、家庭结构、生活习惯等脱敏的规模训练数据共享，并用于与城市空间公共数据的协同分析，为城市空间优化治理提供动态数据支撑，同时引导和优化个体与家庭尺度的行为，增强居民时空活动满意度。在居民授权前提以及参与式感知计算技术等保障下，通过家庭空间的各类传感设备可获取居民的消费需求和潜在生活诉求等实例数据，并通过元宇宙网络直接实现去中心化的商品或服务提供。同时，借助虚拟现实技术在元宇宙中搭建的虚拟环境，可扩大居民家庭空间的行为活动感知和空间体验等内容的服务。

四是元宇宙助力构建数字化社会空间。社区、学校、工业园区、商圈、公园等城市重要功能区，具有办公、产业、交通、休闲等城市核心功能，隶属城市公共空间范畴，其功能结构、布局和组合，畅通的信息、人口、资本、能源等要素的流动，以及人与人、人与空间的和谐交互都是构成智慧城市社会空间的基本要求。元宇宙网络中的CPU、GPU等专用算力节点，可提供随时在线的网络计算能力，可将城市物理空间的功能结构映射为数字空间的结构虚拟模型，将信息、人口、资本、能源等要素的流动和交互映射为关系虚拟模型，再通过元宇宙的社会空间数字孪生模拟计算，从而寻找最佳城市空间功能组合和社会资源组合的建设策略。

综合分析上述元宇宙在智慧城市中发挥的作用可知，元宇宙技术在智慧城市建设、城市运行治理等方面，可以发挥两大方面作用：一是从用户体验来看，可以由实入虚，基于真实场景提供线上服务，实现虚实互动。即基于城市真实地理环境，实现多人在虚拟空间内参与AR内容创作或体验各类数字服务，使得信息获取随时、随地、随需。目前，元宇宙主要为既定内容的展现和规定动作的交互，如某园区内标定建筑物说明，用户到达该地通过空间扫描即可浏览信息。二是从城市建设来看，可以由虚入实，建设数字城市模型，推演模拟城市运行服务。即通过元宇宙可以构建数字"建筑画像",通过对实景事件的仿真模拟提前洞察城市运行情况,如城市级减排动态模拟推演、城市规划全局预判等。目前,城市级、园区级等的数字孪生建设仍处于数字描绘和展示阶段,交通拥堵、城市燃气管网管理等单点服务能提供简单的预测分析。

二、元宇宙+制造业

在工业制造领域,美国工业互联网、德国工业 4.0,以及我国的《中国制造 2025》等顶层战略文件,都强调数字化、网络化、智能化等。在我国,随着工业互联网等的创新应用,制造业涌现了大量数字化、网络化的创新应用,但在智能化探索方面实践较少,而元宇宙则使制造业实现智能化成为可能。元宇宙相关技术在工业领域的应用可以将现实工业环境中的研发设计、生产制造、运维等全过程关键环节和重要场景在虚拟空间实现全面部署。打通虚拟空间和现实空间实现工业的改进和优化,可以形成全新的制造和服务体系,并达到降低成本、提高生产效率、高效协同的效果。

一是在研发环节,元宇宙可大幅降低试错成本。元宇宙可以提供生产端产线设计、工艺端产品研发等关键环节现实世界的虚拟映射,并在这个虚拟世界中对研发过程提供测试与分析服务,以减少研发环节的错误发生,降低研发试错成本。国内外均有元宇宙在工业研发环节的应用案例。比如,在国外,西门子通过数字孪生技术模拟水流,开展实验调整设备,减少了能源设备的维护时间,节约了成本。在国内,美的利用仿真系统和数字孪生搭建了实体工厂 1:1 还原的虚拟数字工厂,通过在虚拟工厂中模拟生产,大幅提升了新产品试制试产效率,缩短了产品的上市周期。

二是在生产制造环节,元宇宙相关技术可用于制造流程管理、设备日常运营维护等环节,进而提高生产制造效率,降低运维成本。比如,在国外,2020 年,英伟达研发出一款面向企业的设计协作和虚拟协作平台 NVIDIA Omniverse。它集成了包括语音 AI、计算机视觉、自然语言处理、模拟等在内的多类技术,可为全球 700 多家客户提供元宇宙底层服务架构。

宝马集团就选择了 NVIDIA Omniverse 平台，依靠数字孪生体模拟生产制造环节。此外，可通过 AR/VR 等数字终端产品实现人机交互作业，并获得 AI 的指导与决策，形成"游戏式"新型工作方式。比如，瑞欧威尔推出的 moziware 等新产品，可以通过 AR 头戴计算机实现语音操控、AR 识别等功能，进而可以用来查看设备信息、测量部件尺寸、查看装配说明等，实现远程协作。

三是在运维环节，工业元宇宙可以提供设备运维全新的工作方式。比如，在国内，中国宝武钢铁集团有限公司与亮风台（上海）信息科技有限公司合作，针对多岗位协同作业场景信息交换不通畅所造成的信息滞后与延时情况，研发了 AR 智能运维系统。该系统通过关联设备的数字信息可视化、精准远程协作、高效记录管理过程，在保障数据安全的前提下，有效提升了作业现场的信息交互能力。

综合分析元宇宙在制造业中发挥的上述作用可知，元宇宙技术对工业全生命周期关键环节、重要场景的改变方向主要为可视化、互动性、仿真预测、3D 化。一方面，建设数字孪生虚拟工厂，模拟各环节运行状态，即整合各类大算力构建完整的虚拟环境，面向制造环节极大提升仿真规划设计效率。另一方面，推动服务由实入虚，实现提质增效降本，比如利用仿真等技术替代实际环节的测试和验证。

三、元宇宙+大健康

当前，大健康行业在预防、诊断、治疗、康复、教育、创新等业务环节中仍存在不少痛点。元宇宙带来的新体验和新技术有望为解决这些痛点带来希望。

（一）预防

长期以来，疾病预防环节存在两大痛点：一是"较低认知"。普通人群缺乏健康知识，疾病早期症状容易被忽视。二是"难以坚持"。许多人觉得健身锻炼枯燥乏味，难以长期坚持。

元宇宙在预防环节三大场景中的应用，有望解决这些痛点。诸如，在健康教育方面，可在元宇宙中指导如何健康饮食，如何锻炼身体等知识。为患者粉丝们带来了互动和沉浸的体验，提升了学习效果。在健康管理方面，在 AI 加持下，元宇宙可化身虚拟私人保健医生，对客户体检报告进行专业解读，以数字孪生技术虚拟人体模型，对体检结果出现的脏器健康问题进行分析，推演健康/疾病发展模型，并提出个性化建议。在健康锻炼方面，通过 VR/AR 技术在社交平台上锻炼。元宇宙创造的沉浸式、互动式的体育锻炼体验，打破了真实环境对运动的限制，让锻炼更有乐趣，坚持锻炼也不再是难事了。

（二）诊断

实体医疗资源在物理空间"受到局限"，检验、检查业务只能在线下有限的医疗场所内实现。此外，医生团队受时空限制的"协作受阻"，使得高水平医疗资源不能下沉，基层的疾病诊断水平差异明显。

元宇宙技术可以应用到以下场景，提高检验、检查的可及性与精确诊断的协作性。一是检查辅助场景，在元宇宙里调整处方和治疗建议，打破了医院的时空限制，不必前往医院，患者借助可穿戴设备连接进入元宇宙医院的虚拟病房，健康指标实时反馈，一旦异常就会即时预警。二是疾病筛查场景，可通过虚拟的认知筛查应用进行老年人群认知影响研究，如利用互动游戏模拟，通过分析游戏参与者行为特点和认知反应，完成阿尔茨海默病的早期筛查。三是远程会诊场景，对复杂病例的会诊，元宇宙会诊室可突破基于视频远程会诊中心的限制，使得交流可随时随地发生，互动更高效。

（三）治疗

在治疗阶段，患者及其家属往往因为"难以理解"医学术语，与医生沟通治疗方案时缺乏安全感。而医生由于在准备治疗方案和治疗过程中常常"缺乏支持"，希望借助更好的工具完成对患者的治疗。

元宇宙可以在不同的治疗场景中，为患者和医生提供更多的支持。一是医患沟通场景，借助混合现实与3D全息技术辅助医患沟通，在元宇宙医院里，帮助患者了解病情与治疗方案。二是手术方案准备场景，在参加外科治疗会诊讨论时，可以利用VR/AR技术进行术前模拟、操作方案讨论和情景预演，有了这些工具的加持，手术方案不再停留于抽象的概念，而是可以进行具体的实操演示。三是术中支持场景，可利用混合现实技术，提高手术的定位精度、安全和效率。另外，还可以在高速网络的支持下远程操控机器人实施手术。

（四）康复

治疗后康复阶段的预后效果至关重要。大多数患者及其家属在面对比治疗时间更长且多需居家完成的康复时"缺乏培训"，即缺乏系统的康复规划和家庭助手。患者往往对康复训练"难以坚持"，康复练习内容及形式的单一、康复收效的缓慢，都容易让患者对康复训练产生抗拒心理或惰性。在未来的医疗健康元宇宙中，互动性更强的康复方案和锻炼形式可以帮助患者更好地康复。

（五）教育

在医学教育方面，元宇宙可以更好地解决因空间和时间"受到局限"的教学问题，以及传统基于图文材料学习"欠缺互动"的问题，提高医学教育的效率。例如，在医学生教育及医生继续教育场景中，可利用VR/AR工具重新开发人体解剖、外科操作等培训内容，更直观、更互动地帮助医学生和进修生提升学习效率与学习效果。又如，在患者家属和居家护理人员教育场景，可以用VR方式指导院外护理操作方法，包括用药指导、伤口护理、意外急救等。

（六）创新

拓展到医疗健康产品与服务的创新领域，元宇宙可以重新定义用户与研发的关系，解决传统服务创新"缺乏融合"的问题。还可以借助元宇宙跨时空属性，降低研发的"成本和风险"。例如，在虚拟研发场景中，大型医疗设备的前期研发可以通过采用虚拟技术完成概念模型的搭建，不再需要耗时耗力的实体模型。而且，在元宇宙内，可以实现跨区域、跨时间协同研发，极大地减少了研发成本和研发风险。

总体而言，元宇宙可以深度重塑医疗服务形态和作业流程。VR/AR、数字孪生、大数据等前沿数字技术将深刻改变传统诊疗模式，极大地提升医疗服务质量，未来有望缓解甚至解决"医疗资源与就医需求不匹配"这个突出矛盾。

一是虚拟医院、虚拟医疗等将提供更丰富、完整的医疗产品和服务。三维可视化模型可协助方案合理性评估和风险研判（术前），以及实时成像和辅助操作（术中）。目前技术欠成熟、部署成本高昂、培训支持不足等问题仍制约其被广泛采用的速度。

二是为医生提供更便捷、高效的临床作业环境和知识获取渠道。混合现实技术克服传统医学教学样本资源欠缺问题，帮助医护人员理解抽象医学概念。截至2019年，国内虚拟现实技术主要集中在医疗教学领域，市场覆盖率超60%。

三是为患者提供交互式和数字化身临其境的感官体验。元宇宙+远程手术、远程问诊、数字人医生等沉浸式模式正在逐步完善，三甲医院医疗资源挤兑有望得以缓解。但数字人医生当前仅能回答相对标准化的诊疗问题，离取代医生仍有相当大的差距。

四、元宇宙+文娱旅游

（一）元宇宙串联时空场域赋能文旅沉浸式体验

沉浸式娱乐作为一种创新型娱乐方式，在体验感、互动性与场景感等方面优势突出，迎合了更注重品质性、体验性内容的消费升级需求。国内文旅消费呈现年轻化、国际化趋势，预计2025年产业规模超百亿元。以数字化方式捕捉空间的 3D 图像，并将其放入云端展示，用户只需要带上 VR 眼镜便能够来一场"说走就走"的旅行。沉浸式旅游有很多亮点，这些场景的落地也需要沉浸式体验、实时多维互动、高效内容生产和用户大规模在线能力的支持。2022 年，春晚创意舞蹈《金面》利用混合现实技术，将两位演员放到特定的虚拟空间中表演，拉近了观众与演员的距离。平遥古城迎薰门城墙投射的 150 米的超长"画卷"实现了超越 8K 分辨率、13500 点的影像效果，打造了沉浸式特色主题空间。在《清明上河图》（明朝"仇英本"）虚拟环境中一览明朝的市井繁华，体验其中迎亲嫁娶、金莲走索、教场射箭等项目，以独特视角沉浸式感受苏州城的热闹。

（二）元宇宙活化线下展陈激发互动型文化传播业态

博物馆以科技手段活化展品，摆脱了传统藏品的观光展示模式，利用数字资源和数字技术构建线上线下一体化的展示方式，增强互动体验和共情度，找到传统文化和现代生活的连接点，契合 Z 世代及其他消费者的需求。一是虚拟与现实的叠加互动，虚拟信息叠加在真实物体或实时位置上，虚实完美结合。二是三维讲解内容全景呈现，在空间中呈现 3D 视频和导览，实现全景上帝视角观看。三是打破景区时空限制，通过虚拟内容呈现不同时间的景区内容，实现跨空间协同远程互动。当前应用集中在两大方向：一方面通过增强现实的环境感知能力和光场显示、裸眼 3D 视觉和全息投影的应用，文化遗产的显示效果远超传统的平面显示，打造博物馆"奇妙夜"。例如，国家自然博物馆通过 AR 应用改变展览形式，让古生物"原地复活"。另一方面对文物进行 3D 扫描、数字建模后，观众可以在线上从各个角度观察文物的细节。例如，英国国家美术馆有线上虚拟展览，可以通过电脑、手机或虚拟现实设备探索馆内珍稀藏品。

五、元宇宙未来应用展望

目前，产业界对元宇宙的期待是它能够提供一个开放、分享、无处不在、拥有沉浸式体验的虚拟世界，而 AR、VR、云计算、5G、区块链等信息通信前沿技术的发展使这种期望成为现实，也使得元宇宙的理念得到了实现。

总体来看，元宇宙的理念重新定义了人与空间的关系，也创造了虚拟与现实融合的交互方式，改变和颠覆了人们生产生活的诸多领域，为人类创新发展提供了新的空间环境。

根据元宇宙技术的成熟度及其在细分场景应用中的广度和深度来看，元宇宙的应用大体可划分为短期目标（清晰具体）、中期目标（部分关键里程碑）以及长远目标（指引模糊方向）三个层次应用。

（一）短期目标

从短期看，元宇宙的应用领域较为清晰具体，如在社交娱乐、文旅教育、商贸服务等应用场景中，元宇宙理念得到了充分释放。与文字、语音、视频等互联网交互服务模式相比，元宇宙在这些领域可以使用户享受到全方位、沉浸式体验。这一阶段，主要取决于物联网、大数据、人工智能、虚拟现实等技术在上述细分领域得到了广泛应用，同时与元宇宙理念实现了深度融合。

（二）中期目标

从中期看，仿真模拟软件技术在国家政策的驱动下将取得快速突破。在此前提下，基于元宇宙的技术仿真模拟平台将会是元宇宙的主要应用场景。这些技术平台可以为装备制造、航空航天、生物医药、新材料、新能源等领域的技术研发、攻关研究提供虚实结合的仿真平台，提供人机全面融合、沉浸式设计的仿真环境。

（三）长远目标

从长期看，元宇宙技术可以为颠覆性技术创新和科学研究提供重要平台支撑，推动科技研究仿真模拟实验从软件仿真向人机高度融合、环境更为逼真的虚拟空间仿真转变。例如，元宇宙技术可以为生命科学、物质科学、海洋科学、地球与空间科学、信息科学等领域的超前探索研究提供更完善的模拟探索环境，为人类研究自身、物质、宇宙和未来提供更宽阔的平台。但需要说明的是，长期愿景目标的实现，需要经济社会相关的各类数字化平台系统与元宇宙平台之间实现互联互通和信息共享，这是因为元宇宙模拟和探索未知世界需要丰富的数据作为支撑。

第五节　元宇宙技术发展面临的问题与挑战

元宇宙具有虚实融合、永续实时、沉浸体验、开放互联等多种典型特征。这些特征使元宇宙超越了传统社会的运行模式，给产业发展与国家治理带来了一系列新的挑战和风险。目前，元宇宙产业进程远低于预期，根本原因在于构建元宇宙创新生态的前置条件还不成熟，面临一系列痛点、堵点以及新的风险挑战，进一步发展面临很多不确定性、争议性。

一、前置支撑力度与元宇宙愿景不适配

一方面，元宇宙构想先行，发展路径呈模糊化。元宇宙最早源自科幻小说《雪崩》中关于一个平行于现实世界的虚拟世界，但其概念在产业界和学术界并未达成统一共识。总体来看，元宇宙在理念上可以理解为是对未来虚拟世界的感性构想，也是对构架虚拟世界技术的理性总结，但依然呈现构想先行、发展路径不明确的状态。

另一方面，元宇宙内涵泛化，不能很好地指导产业发展。元宇宙理念的实现需要通信网络、算力等数字基础设施以及物联网技术、人工智能技术、区块链技术、交互技术等的共同支撑，且其所构想的理念涵盖内容也十分广泛，这种泛化的理念，无法具体指导相关技术的研发、基础设施的建设布局、经费投资的预估、政策文件的制定与实施。产业界只有不断摸索，才能找到最合适元宇宙产业发展的实施路径。

二、用户有效需求减弱且用户黏度低于预期

一是元宇宙的有效需求开始减弱。从严格意义上讲，元宇宙概念爆火发生在 2021 年，正值全球新冠疫情肆虐期间，现场办公、教学、线下运动、消费等受到了严重的冲击。元宇宙理念为线上办公、教学，运动、消费等提供了新型方案。但新冠疫情的影响已明显减弱，线上各类需求不再是刚需，同时元宇宙应用场景等支撑能力相对简单，所提供的沉浸感、在场感还存在明显短板，线上不再是用户活动的最佳方案。因此，疫情常态化后，用户对元宇宙提供的虚拟空间的依赖度显著减弱，用户的有效需求难以支撑整个产业链的发展。

二是元宇宙设备用户黏度低于市场预期。以 VR 为例说明，VR 是高沉浸交互设备的代表，也是用户接入元宇宙的主要入口，但头显设备消费市场不尽如人意。例如，2022 年全球 VR、AR 设备总销售量不足 1000 万部，而且较 2021 年降幅超过了 10%。再如，Quest 头显设备自 2020 年推出后占有极高的市场份额，但自 2021 年起其用户留存率持续下降，超过 50% 的 Quest 用户在购买设备 6 个月后不再使用。目前，市场的低迷已迫使多家互联网科技企业开始减少对元宇宙的投入甚至停止研发，元宇宙相关业务布局也开始降温，元宇宙普及过程开始陷入相对困难的境地。

三是数字产品的性能与元宇宙理想状态不适配。本书试从新型终端设备、新平台、新应用与基础设施等方面进行说明。在新型终端方面，市面上主流的新型终端设备除体积、重量等物理性能可以满足当前需求外，沉浸体验等性能与用户的预期之间还存在较大的差距。比如，主流数字产品关于人眼生理特性等眩晕控制问题目前还很难做到完全消减。在新视听方面，当前我国 3D 强交互视频采集、制作、计算、分发、播放等产业链条尚不成熟，相关技术设备等难以规模化、工程化生产，导致虚拟人动作行为、表情、神态等还不够自然。在新平台方面，受限于高性能云渲染、云化增强现实等领域的技术储备不完善，元宇宙沉浸式服务平台的多人实时交互、三维虚实融合、网联云控等关键能力还存在短板或空白。在新应用

与基础设施方面，海量用户群体互动、随时随地高速低时延访问、开放可编辑虚拟世界、三维沉浸体验等元宇宙应用侧的巨大变化需要算力、通信、地理信息等新型基础设施的支撑，但现阶段我国能够承载元宇宙要求水平的配套信息基础设施还不健全。

三、元宇宙运行新模式引发一系列监管挑战

一是在公平多样性方面，元宇宙的"进入门槛"导致更大的数字鸿沟。元宇宙构想的实现远超现阶段互联网接入的一般要求，它不但依赖于可穿戴设备、脑机接口等硬件设施，而且对实时在线、人工智能、大模型等前沿技术支撑能力提出了更高的要求。然而，在我国推动数字化变革发展的进程中，技术迭代和增长效应差异造成区域间、群体间长期存在数字"物理鸿沟""素养鸿沟"，元宇宙的愿景将进一步拉大数字鸿沟。

二是在文化冲击方面，根据元宇宙构想，它可以创造一种全新的媒介形式，信息传播的对象、环境、范围等关键要素都会发生很大变化。在元宇宙媒介中，不同文化背景、不同地域分布的人群都可以在元宇宙中进行无障碍交流。元宇宙的这种无障碍交流将很容易形成各种社会思潮的高度交织。一方面，可能影响国家的意识形态的传播，对国家安全造成威胁。另一方面，虚拟技术将使内容造假更加难以分辨，针对用户画像灌输的观点更易对个体形成思想控制。在元宇宙环境中，信息失真、造谣生事、舆论斗争形势将更加严峻，给内容管控、文化建设、意识形态工作带来巨大挑战。

三是在经济安全方面，元宇宙所畅想的虚拟经济体系尚未成形，数字资产运行的基础设施与监管机制尚未完善，对国家经济属性的安全风险有可能从虚拟世界向现实世界传导渗透。例如，用户在元宇宙创造的知识产品的知识产权归属及其收益分配等问题较难确定。又如，虚拟经济中网络安全导致的数字资产损失的责任划分等问题尚未明确。

第三章

大模型技术与应用

当前，世界人工智能领域科技创新异常活跃，日益成为改变世界竞争格局的重要力量。一批里程碑意义的前沿成果陆续突破。以 ChatGPT 为代表的大模型技术引发了通用人工智能新一轮的发展热潮。随着 ChatGPT 应用的现象级火爆，大模型呈现出快速发展趋势，其基座化很可能会加快重塑人工智能产业链和全球市场竞争格局。在技术方面，大模型在交互、理解、生成等方面的性能已经实现了大幅提升。在产业发展方面，国内外互联网巨头、初创企业及科研院所也开始围绕自身核心业务研发基础大模型、专用大模型等，在赋能实体经济方面起到了正向激励作用。

第一节　大模型概述

一、大模型的概念

大模型（large model），也称基础模型（foundation model），是一种基于深度学习技术，具有超大规模参数和复杂结构的人工智能模型。大模型能够模拟人类的创造性思维，生成具有一定逻辑关系和连贯性的语言文本、图像、音频等内容。大模型系统能够通过自我学习创造出更多新的内容，而不是像传统的人工智能系统只能根据输入进行数据的处理分析。

从深度学习技术角度看，大模型通常是具有数百万乃至数十亿参数的层数较多的神经网络模型。这些神经网络模型通常用在自然语言处理、图像识别和语音识别等方面，表现出极强的准确性和泛化能力。伴随着架构设计的持续优化、参数规模的翻倍、通用算力的不断提升和数据的海量支撑，大模型所呈现的效果开始愈加趋于人类表现。

从大模型种类来看，全球常见的大模型有语言大模型、视觉大模型、多模态大模型、决策大模型和机器人大模型等。其中，语言大模型领域的产业竞争最为激烈。

从全球来看，OpenAI、微软、谷歌、Meta 等科技巨头都已经推出了自身的语言大模型。从我国自身来看，百度、阿里、华为、腾讯等也在积极布局语言大模型产品。

从发展趋势来看，生成式大模型是当前人工智能领域关注的焦点，也是产业竞争最为激烈的领域，OpenAI、DeepMind、谷歌、Meta 等国际互联网巨头纷纷推出生成式大模型。一般来说，生成式大模型通过对联合分布进行建模，其可以学习每个类别的边界，可以包含更多信息，进而用来生成样本。按照输入输出数据类别，生成式大模型又可以分成 Text-to-Image 模型、Text-to-3D 模型、Image-to-Text 模型、Text-to-Video 模型、Text-to-Audio 模型、Text-to-Text 模型、Text-to-Code 模型以及 Text-to-Science 模型。以下是各个模型的典型代表。

（1）Text-to-Image 模型：DALL-E2、Stable Diffusion 等。

（2）Text-to-3D 模型：Dreamfusion 等。

（3）Image-to-Text 模型：VisualGP 等。

（4）Text-to-Video 模型：Phenaki 等。

（5）Text-to-Audio 模型：AudioL M 等。

（6）Text-to-Text 模型：ChatGPT、百度的"文心一言"，清华的 Chat-GLM、百川智能公司的 Baichuan 系列等。

（7）Text-to-Code 模型：Codex 等。

（8）Text-to-Science 模型：Galactica 等。

二、如何理解大模型

大模型一般需要通过训练海量数据，建立学习复杂的模式和特征的能力，最终实现对未见过的数据做出准确的预测。一般来说，需要从数据和算法两个层面去理解什么是大模型。

（一）在数据层面

数据是人工智能技术的基础，也是大模型发展的基石，数据的质量和数据量决定了大模型应用的性能和效果。可以说，没有海量高质量的数据集，根本无法训练出高质量的大模型。大模型通常首先使用海量标注或未标注的数据进行预训练，然后以此为途径，最终实现学习数据的分布特征，提取出高级的抽象特征表示，解决高维数据的建模和特征提取等难题。

一般来说，预训练是指在一个通用类的任务上，使用大量的数据去训练一个大模型，通过训练使这个大模型学习数据的通用特征和知识。经过这个过程以后，还需要在一个特定的任务上，使用少量的数据，对大模型进行微调，进而使这个大模型能够适应任务的特殊需求。也就是说，预训练的本质是给定预训练模型（pre-trained model），基于模型进行微调（fine tune）。相对于从头开始训练（training a model from scatch），微调可以省去大量计算资源和计算时间，提高计算效率，甚至提高准确率。利用数据的共性与特性，来提高大模型的泛化能力。大模型的泛化能力是指一个模型在面对新的、未见过的数据时，能够正确理解和预测这些数据的能力。在机器学习和人工智能领域，模型的泛化能力是评估模型性能的重要指标之一。

下面用自然语言处理、图像识别和语音识别等领域的训练来说明。

1. 自然语言处理领域

例如，BERT、GPT-3等AI大模型，均使用了数十亿到数万亿的文本数据进行预训练，进而学习了语言的语法、语义、逻辑和常识等知识，并形成一个通用的语言模型。经过微调以后，这些大模型就可以用于处理文本分类、文本生成、文本理解、文本摘要、机器翻译、问答系统等各类下游的自然语言任务。

2. 图像识别领域

例如，ViT、DALL-E等AI大模型，使用了数亿到数千亿个图像数据进行预训练，学习了图像的颜色、形状、纹理、对象、场景等知识，并形成了一个通用的视觉模型。经过微调以后，这些大模型就可以用于处理各种下游的图像任务，如图像分类、图像生成、图像检索、图像分割、图像描述、图像风格转换等。

3. 语音识别领域

例如，Wav2Vec 2.0、DeepSpeech2 等 AI 大模型，使用了数百万到数十亿个语音数据进行预训练，进而学习了语音的音素、音调、语调、语气、情感等信息，形成了一个通用的语音模型。经过微调以后，这些大模型就可以用于处理各种下游的语音任务，如语音识别、语音合成、语音翻译、语音对话、语音搜索等。

通过上述分析，笔者认为数据提供了大模型学习的素材和目标，使得大模型能够在不同的领域和任务中展现出强大的能力和效果。数据的质量和数量，也决定了大模型的性能和效果。更高质量和更多数量的数据，能够让大模型学习到更丰富和更深入的特征及知识，从而提升大模型的泛化能力和适应能力。

（二）在算法层面

如果说数据是大模型的基石，那么算法就是大模型的核心。算法的设计和改进决定了大模型的结构与效率。也就是说，如果没有先进的算法，即便有高质量的数据，也无法构建出好的大模型。从大模型全球实践情况来看，一般大模型通常使用创新的算法和技术来提升大模型的表达能力、学习能力和推理能力，并且可以通过这种办法降低模型的训练成本、推理成本和部署成本。一般来说，算法的好与坏可以用不同的指标来衡量，诸如正确性、复杂度、效率、稳定性、可扩展性等。下面同样用自然语言处理、图像识别和语音识别等领域的训练来说明。

1. 自然语言处理领域

在自然语言处理领域，全球的 AI 大模型广泛采用的是 Transformer 结构,这是一种基于自注意力机制的神经网络结构。这种结构的优势是可以有效地处理长序列数据,捕捉远距离的依赖关系,提高模型的并行性和可解释性。值得说明的是,Transformer 结构还被应用到了图像识别和语音识别等领域,展现出强大的泛化能力和迁移能力。

2. 在图像识别领域

在图像识别领域,全球的 AI 大模型广泛使用 GAN(生成对抗网络)结构,这是一种基于对抗学习的神经网络结构。这种结构的优势是可以有效地生成高质量的图像,实现图像的增强、修复、变换、编辑等功能。与 Transformer 结构类似,GAN 结构也被应用到了自然语言处理和语音识别等领域,展现出强大的生成能力和创造能力。

3. 语音识别领域

在语音识别领域,全球的 AI 大模型广泛使用了端到端的结构,这是一种基于深度神经网络的结构。这种结构的优势是可以直接从原始的语音信号到目标的文本或语音,省去了传统的声学模型、语言模型、发音词典等中间环节,从而简化了模型的复杂度,提高了模型的准确性和鲁棒性。

三、大模型的特点

(一)涌现性

"涌现"有突发性的寓意,是指在大量小实体或小概率事件相互作用后,产生了大实体或者发生了骤变,而这个大实体或者骤变展现了产生它的小实体或小概率事件所不具有的特性。该寓意引申到模型层面,就是当模型的训练数据突破一定的规模之后,模型突然涌现出之前小模型所没有的、意料之外的、能够综合分析和解决更深层次问题的复杂能力及特性,展现出类似人类的思维和智能。也就是说,当模型参数超过一定的临界阈值,人工智能能力将会发生突变,涌现能力是大模型的显著特点之一。

（二）颠覆性

大模型具有颠覆性。举例说明，目前 GPT-4 编码能力，已相当于达到了谷歌 L3 工程师的水平，在我国相当于月薪 3 万元较高水平的软件开发人员的能力。据预测，未来 50%的软件代码将会被 AI 代替。

（三）泛化能力

大模型通常具有加强的学习能力和泛化能力，能够在自然语言处理、图像识别、语音识别等各种任务上发挥作用。目前，通用目的技术（GPT）已对人类经济社会产生了巨大、深远而广泛的影响，通用人工智能（AGI）已成为全球第 25 个通用目的技术。

（四）工程化

在一定意义上，大模型一半是工程，一半是理论。大模型是工程化的重大创新，其核心技术壁垒是数据、算法、算力等要素资源的精巧组合。

（五）密集型

大模型是技术、资本、人才密集型产业。大算力、大数据决定了大模型的竞争能力，是一个国家综合实力的象征之一。

（六）参数规模庞大

大模型包含数十亿个参数，模型大小可以达到数百 GB 甚至更大。巨大的模型规模使大模型具有强大的表达能力和学习能力。

（七）多任务学习

大模型通常会一起学习多种不同的自然语言处理任务，如机器翻译、文本摘要、问答系统等。这可以使大模型学习到更广的、泛化的语言理解能力。此外，大模型可以通过自监督学习在大规模未标记数据上进行训练,从而减少对标记数据的依赖,提高模型的效能。

(八) 多领域知识融合

大模型可以从多个领域的数据中学习知识,并在不同领域中进行应用,促进跨领域的创新。大模型可以自动化完成许多复杂的任务,提高工作效率,如自动编程、自动翻译、自动摘要等。

四、大模型与小模型的关系

(一) 概念区别

大模型是指具有大规模参数和复杂计算结构的机器学习模型,这些模型通常由深度神经网络构建而成,拥有数十亿甚至数千亿个参数。相比小模型,大模型的参数更多、层数更深,具有更强的表达能力和更高的准确度,但也需要更多的计算资源、时间来训练和推理。一般来说,大模型适用于数据量较大、计算资源充足的场景,例如云端计算、高性能计算、人工智能等。

小模型是指参数量相对较少的机器学习模型,参数量一般在几千到几万个之间,具有简化的结构和较少的隐藏层单元或卷积核数量,存储和计算资源方面的需求较低,能够快速训练和推理。小模型一般是指参数相对较少、层数相对较浅的模型,具有轻量级、高效率、易于部署等典型优点。一般来说,小模型适用于数据量较小、计算资源有限的场景,例如移动端应用、嵌入式设备、物联网等。

需要说明的是,当一个模型的训练数据、参数不断扩大和加深,直到二者均达到一定的临界阈值,会表现出一些未能预测的、更复杂的能力和特性,该模型能够从原始训练数据中自动学习并发现新的、更高层次的特征和模式,这种能力在业界被称为涌现能力。而具备涌现能力的机器学习模型被认为是独立意义上的大模型,这也是它与小模型最大意义上的区别。

（二）优势比较

大模型较小模型拥有更多的参数和层数，这也使得大模型具有三大典型优势。

（1）能够更准确地捕捉到数据中的模式和特征，更好地处理复杂任务，从而实现更准确、更自然的内容输出，如 GPT-3 的自然应答能力。

（2）能够处理更复杂的语言结构，理解更深层次的语义。在回答问题、机器翻译、摘要生成等任务中，能够更好地考虑上下文信息，生成连贯内容。

（3）拥有更大的容量，可以存储更多的知识和经验。基于大模型构建的知识库可以更全面地收集信息，更好地进行应对困难问题的准备，提供更有洞察力的结果。

小模型虽然参数和层数均较少，但也因此获得了大模型无法比拟的优势。

（1）训练和推理速度更快。如在自然语言处理任务中，大模型可能需要数小时甚至数天来进行训练，而小模型则能够在较短时间内完成训练。

（2）占用资源较少。如小模型在移动设备、嵌入式系统或低功耗环境中更易于部署和集成，占用资源少，因此更能够在资源受限的设备上高效运行。

（3）小模型可以更快地迭代和尝试不同的方法。使用小模型进行快速验证，可以更清楚地了解问题，提高解决方案的可行性。因此，在快速原型开发阶段，小模型比大模型优势明显。

（三）未来趋势

通过上述对比分析可知，大模型和小模型都有各自明显的优势和更适合的应用场景，因此将两者进行有机结合，就能发挥出更大的效益和价值。

在当前全球的实践应用中，业界一般将大模型作为主模型，将小模型作为辅助模型。其中，主模型主要负责处理大规模数据集，得到更准确的预测结果；辅助模型一般用在移动设备、物联网上，实现快速部署与运行。这种将大、小模型有机结合的方式能够实现优势互补，可以更好地满足不同场景下的业务需求。

未来，随着数据集的不断扩大和计算能力的不断提升，大模型的性能还将进一步提高。同时，随着物联网、边缘计算等技术的不断发展，小模型的应用范围将进一步拓展。因此，大模型与小模型的结合将成为未来 AI 产品的重要发展趋势，这也是人工智能应用赋能行业发展的重要方向。

五、开源与闭源的区别

"开源"全称是"开放源代码"，这个概念起源于软件开发领域。在"开源"软件开发中，在授权范围内，任何人都能够从公开渠道获取源代码，并可以在源代码的基础上进行修改甚至二次开发。与"开源"相反，在"闭源"软件开发中，只有源代码所有者才有修改代码的权限，其他人只能向其购买所需的软件。在软件开发领域，产业界关于开源和闭源采取了两种完全不同的竞争策略。比如，在互联网时代，有开源 Linux 和闭源 Windows 之争；在移动互联网时代，有开源 Andriod 和闭源 iOS 之争。

人工智能大模型也有开源、闭源之分。大模型的开源和闭源沿用了软件开发领域的理念，主要区别在于模型的源代码和训练数据是否公开。其中，闭源大模型是指模型的源代码和训练数据均不公开，只有模型所属企业才能使用和修改，典型代表如 OpenAI 开发的 GPT-4 大模型。开源大模型是指模型的源代码和训练数据可以通过公开渠道获取，任何人都可以查看、使用。在大模型的实际应用过程中，出于竞争和商业化考虑，大部分企业选择部分开源，典型代表如 Meta 研发的 LLaMA2 大模型，虽开放了源代码，但没有公开训练数据。

当前，全球大模型企业采用了不同的竞争策略，具体如下。

（1）从开源到闭源。典型的代表性企业是 OpenAI，2018 年研发的 GPT-1，完全对外开源；2019 年研发的 GPT-2，分四次才开源完整的代码；

2020 年研发的 GPT-3，用户只能通过调用应用程序编程接口（API）的方式使用模型资源，属于部分开源；2022 年研发的 GPT-3.5，OpenAI 没有披露相关技术等细节，但在 2023 年开放了 API；GPT-4 目前也仅开放了 API 状态，并未公布技术细节。

（2）从闭源到开源、闭源并举。典型的代表性企业是智谱 AI。智谱 GLM2 最开始不限实例+不限推理或微调工具包的报价为 30 万元/年。但 2023 年 7 月，智谱 AI 宣布为更好地支持国产大模型开源生态和学术研究，智谱 AI 将完全开放 ChatGLM-6B 和 ChatGLM2-6B，且在完成企业登记授权后，可以进行商业使用。但目前智谱 AI 推出的 ChatGLM2-12B、ChatGLM2-32B、ChatGLM2-66B、ChatGLM2-130B 等大模型依然采用了闭源策略。

（3）始终坚持开源。典型的代表性企业是 Meta。2023 年，Meta 研发了完全公开的大模型 LLaMA，主要用于科学研究领域。研发人员只需要向 Meta 提出申请并经审核后即可使用。同年，Meta 推出 LLaMA2，公开了技术和源代码，除用于研究外，还可以进行商业化使用。

（4）坚持闭源。典型的代表性企业是华为公司。华为在发布盘古大模型 3.0 时，就强调盘古大模型 3.0 全栈技术均是由华为自主完成，没有使用任何开源技术，未来也不会对盘古大模型 3.0 进行开源。

一些大模型企业所研发的典型大模型开源、闭源情况参见表 3-1。

表 3-1 典型大模型开源、闭源情况

产业链企业	大模型名称	开源	闭源
OpenAI	GPT-1、GPT-2、GPT-3	√	
	GPT-3.5、GPT-4		√
Meta	LLaMA	√	
	LLaMA2	√	
谷歌	PaLM 2		√
微软	Turning-NLG	√	
Anthropic	Claude		√
Cohere	Cohere		√

续表

产业链企业	大模型名称	开源	闭源
Stability AI	StableLM	√	
LMSYS	Vicuna	√	
Mosaic ML	MPT-30B	√	
阿联酋技术创新研究所	Falcon	√	
智谱	GLM-130B、ChatGLM-6B、ChatGLM2-6B	√	
智谱	ChatGLM2-12B、ChatGLM2-32B、ChatGLM2-66B、ChatGLM2-130B		√
百度	文心一言		√
阿里	Qwen-7B、Qwen-7B-Chat	√	
华为	盘古		√
商汤	日日新		√
科大讯飞	星火		√
百川智能	Baichuan-7B、Baichuan-13B	√	
百川智能	Baichuan-53B		√

第二节　全球大模型发展情况

从全球角度看，我国与美国是大模型竞争的主要参与者。美国在算法架构的基础研究、基础大模型的研发上处于领先优势，在 OpenAI、微软、谷歌等科技企业的引领下，美国已经推出了 ChatGPT、Midjourney、Copilot 等引发全球关注的大模型应用。我国在基础大模型研究上紧随其后，并在大模型产业应用方面进行了更丰富的探索，但目前尚缺少相应的全球标杆性案例。因此，本书主要介绍我国与美国大模型的发展情况，对其他国家进行简要说明。

一、美国大模型发展情况

(一) 政策层面

美国高度重视人工智能领域发展,并投入了大量战略资源。美国政策比较关注人工智能对经济、网络安全、情报体系等信息安全领域的影响,以及人工智能监管问题。美国近年来发布的人工智能政策数量达到了历史最高纪录,仅 2021 年美国国会就提出了 130 项与人工智能相关的法案。美国白宫、国会、国防部和人工智能国家安全委员会等分别出炉有关人工智能的战略文件,如《国家人工智能研发战略计划》(2019 年)、《最终报告》(2021 年)、《加强和民主化美国人工智能创新生态系统:国家人工智能研究资源的实施计划》(2023 年)等。整体上,美国人工智能相关政策旨在确保美国在人工智能领域居于长期领导地位。

2023 年 5 月 23 日,美国白宫发布了《国家人工智能研发战略计划》(*The National Artificial Intelligence R&D Strategic Plan*,2023 年更新版)。该计划重申了 2016 年版、2019 年版的 8 项战略目标,调整和完善了各战略的具体优先事项,新增了第 9 项战略,同时强调了国际合作的重要性。

(1) 长期投资基础和负责任的人工智能研究。

(2) 开发有效的人类-人工智能协作方法。

(3) 理解并解决人工智能的伦理、法律和社会影响。

(4) 确保人工智能系统的安全性。

(5) 开发用于人工智能培训和测试的共享公共数据集和环境。

(6) 利用基准衡量和评估人工智能系统。

(7) 更好地了解国家人工智能研发人才的需求。

(8) 加强公私伙伴关系,加速人工智能发展。

(9) 建立有原则和可协调的人工智能研究国际合作方法。

2023 年 8 月 10 日,美国国防部成立了生成式人工智能工作组——利马(Lima)工作组。该工作组的模板是以负责任和战略性的方式利用人工智能能力，主要包括三方面内容。

（1）评估、同步和利用整个美国国防部的生成式人工智能能力。

（2）充分利用国防部与情报界、其他政府机构之间的合作伙伴关系。

（3）在分析和集成国防部的语言大模型等生成式人工智能工具方面发挥关键作用。

美国国防部利马特别工作组的成立凸显了国防部对人工智能创新的信心。同时，这也说明美国国防部在驾驭生成式人工智能的变革力量时，仍然将确保国家安全、最大幅度地降低风险以及负责任地整合技术作为重点。

（二）在技术层面

美国在 AI 大模型方面长期保持强势发展，从 2012 年 AI 萌芽时期，到 2016 年 AI 1.0 时期，再到 2022 年 ChatGPT 带来的 AI 2.0 时期，美国一直是 AI 领域的破局者，引领着全世界 AI 发展再进一步。

从大模型数量上看，美国依然是全球发布大模型最多的国家。截至 2023 年 5 月，美国 10 亿级参数规模以上的基础大模型就已突破 100 个。

从投资规模来看，《经济学人》数据显示，美国 2022 年大模型投资总额达 474 亿美元，大约是第二名中国（134 亿美元）的 3.5 倍，且仍保持激增态势。高盛则进一步预测，美国 2025 年大模型相关投资将达到千亿美元，约占全球投资的 1/2。

从产业链布局来看，除了 ChatGPT，美国如今具有代表性的通用大模型公司还包括 Anthropic、Cohere 以及谷歌等。其中 Anthropic 拥有多位参与过 GPT-2 和 GPT-3 研发的前 OpenAI 核心员工，其大模型产品 Claude2 被认为仅次于 ChatGPT-4，甚至有分析师认为 Claude2 的性能实际上优于 ChatGPT-4。Cohere 首次提出了著名的 Transformer 架构，并成为通用大模型发展的基础模型。值得说明的是，ChatGPT 就是在这一架构的基础上诞生的。谷歌推出当前规模最大、功能最强的人工智能模型 Gemini，它具有处理视频、音频和文本等不同内容形式的信息的能力。此外，谷歌研发的"通才"大模型 PaLM-E 拥世界最大规模的 5620 亿参数，它能看图说话、能操控机器人。解决 AI 绘画手指问题的 Midjourney 人工智能程序功能强大。

总体来看，在技术发展方面，美国处于第一梯队，引领全球人工智能技术革新，主要有三方面原因。

一是算力是保障 AI 大模型发展的关键，云计算能够为 AI 大模型训练提供计算、存储、网络和应用平台，还提供数据处理、模型部署、推理等 AI 工具和服务，以保障研发人员能够快速训练大模型，而不用再花费大量时间、金钱去建立和维护自己的数据中心。因为美国掌握着全球算力的核心资源，拥有世界上最大的云计算企业。互联网数据中心（IDC）数据显示，在全球 IaaS 市场中，包括亚马逊、微软、谷歌、国际商业机器公司在内的美国企业合计占比已将近 70%。

二是高性能的芯片可以提供更高效的计算能力，从而加速训练过程。到目前为止，英伟达的 A100 芯片仍然是全球唯一能够在云端实际执行任务的 GPU 芯片。2023 年，英伟达更新了新芯片 H100 的进度，H100 配有 Transformer 引擎，可以专门用于处理类似 ChatGPT 的 AI 大模型，由其构建的服务器效率是 A100 的 10 倍。

三是目前全球几乎所有 AI 大模型在训练时均采用 Transformer 结构。Transformer 具有优秀的长序列处理能力、更高的并行计算效率、无须手动设计以及更强的语义表达能力等特征。在一定程度上可以说，美国的 Transformer 使大模型训练成为可能。这也是美国引领全球人工智能技术革新的重要原因之一。

（三）在应用层面

人工智能技术在美国不同行业的应用率都在增加，美国大模型已经在办公、金融、教育、医疗、文娱、交通等领域落地应用。

1. 大模型+办公

在办公领域，美国处于微软、Adobe 等美国办公软件巨头引领潮流的状态。

以微软为例说明：2023年3月，微软发布了Microsoft 365 Copilot，并将其集成在Word、Excel、PowerPoint、Outlook、Teams等多个应用程序中。这样多个应用程序具备GPT-4的功能，并以聊天机器人的模式出现在产品的右侧，用户通过向其发号指令，便可自动生成文字、表格、演示文稿等内容。总体来看，Microsoft 365 Copilot的推出为微软提供了新的收入增长点。

Microsoft 365 Copilot可以根据用户的简短指令，实现以下功能：一是能够在Word中生成文档的初稿；二是能够在Excel中分析数据，生成图表和报告，并提出见解和建议；三是能够在PowerPoint中创建漂亮的幻灯片，并根据用户在微软图形中的数据添加相关内容；四是能够在Teams中帮助用户协作沟通、分享信息、创建任务和计划，并提供相关的反馈和建议；五是能够在Outlook中帮助用户管理日程安排、回复邮件、编写摘要和提纲，并提供适当的语气和礼貌。

2. 大模型+金融

AI大模型在金融领域中的应用，美国研发投入时间最早，并且已经掌握了大模型+金融应用核心技术。目前应用已覆盖金融各领域，尤其是在金融服务方面已趋于成熟。可以说，美国在金融领域已能成熟应用AI大模型处理金融业务，提供金融服务。此外，根据咨询公司Evident的数据，目前在美国银行的招聘中，约40%的空缺职位是与人工智能相关的职位，足见美国金融领域对大模型应用的重视程度。美国AI大模型在金融领域中的应用以彭博社的BloombergGPT为代表，开启了大模型在金融行业的开发和应用的第一步。

2023年3月，彭博社和约翰斯·霍普金斯大学在《彭博社GPT：金融领域的语言大模型》（*BloombergGPT：A Large Language Model for Finance*）一文中重磅发布了为金融界打造的LLM——BloombergGPT，这是一种专门为金融行业打造的语言大模型（LLM）。

BloombergGPT协助彭博社改进了现有的金融自然语言处理任务，如市场情绪分析、命名实体识别（named entity recognition，NER）、新闻分类和问题回答，同时将整合彭博社终端上的海量数据，释放更多新机遇，以更好地帮助客户，将人工智能蕴藏的全部潜力带给金融领域。此外，作为一个专门针对金融领域的语言大模型，未来 BloombergGPT 在投研、投顾、营销、客服、运营、风控等各类金融业务场景下都将具有广泛的应用和可观的潜力。

3. 大模型+医疗

大模型在医疗领域的应用场景总体上可分为诊前、诊中、诊后三大类。其中，诊前主要包括药物研发、基因研究、预约就诊、预检分诊以及导诊；诊中主要包括临床诊断、临床治疗、病历录入和药物检索；诊后主要包括医保支付、报告获取、患者随访、康复管理和远程医疗等。目前，美国因为在数据治理与开放共享方面具有明显的优势，因此大模型+医疗应用较其他国家具有明显优势，且更加青睐于诊前环节的研发。

美国是全球较早推行医疗信息化的国家，其医疗行业拥有丰富的结构化数据，这也是美国企业在研发端发力的主要原因。其中微软、谷歌、英伟达等科技巨头在 AI 医疗领域布局积极，比如谷歌早在 2014 年就收购了 DeepMind，2016 年 DeepMind 提出将算法应用到医疗保健领域。谷歌和 DeepMind 团队发布的医疗大模型 Med-PaLM 在医学考试中已经基本接近"专家"医生水平。此外，2022 年 7 月，DeepMind 进一步破解了几乎所有已知的蛋白质结构，其 AlphaFold 算法构建的数据库中包含了超过 2 亿种已知蛋白质结构，这为开发新药物或新技术来应对饥荒或污染等全球性挑战铺平了道路。

4. 大模型+娱乐

基于大模型的人工智能内容生成（AIGC）技术可以在影视、游戏、音频、动漫等多个领域推广应用。人工智能不仅能够帮助文化产业提高内容生产的效率，也能生成更加丰富多元、动态且可交互的内容，进而优化传统互动模式。总体来看，AI 正从激发生产力、打造新内容、构建新体验等多个层面，重塑着整个文娱行业。美国文化娱乐领域应用大模型较早，已经衍生出多个大模型，但目前大模型应用遇到了较大阻力。例如，2023年，迪士尼发布新片《秘密入侵》，因其片头为AI工具生成而受到网上舆论的猛烈抨击，并且此前的AI音乐也同样受到大量抨击。

5. 大模型+教育

教育领域是AIGC的重要落地方向。从产业界来看，美国教育大模型的研发和应用更多的是用于作业批改、考试评分等细分领域。比如，Gradescope推出的作业批改大模型，目前这套作业批改大模型提供了用于对笔试、家庭作业以及自动评分提交的代码进行评分的工具，可帮助老师对学生的表现评分，让老师可以预留更多时间去准备教学等工作。目前，Gradescope已经为全球超过200家机构批改了超过1200万页的学生作业。

二、其他典型国家发展情况

（一）日本大模型发展情况

1. 日本大模型的落后始于互联网时代

笔者在总结全球AI大模型领域的关键技术、模型以及产业链企业时发现，无论是我国的BAT、韩国的Naver，还是美国的谷歌、微软等，这些企业都是互联网时代的巨头。在发展过程中，一方面，这些科技企业通过互联网时代的业务已经积累了大量的高质量数据；另一方面，在自身业务的推动下，这些科技企业大多建立了自己完整的云计算体系（云计算生态系统）。

而在互联网时代，日本既没有国际知名的互联网巨头，也没有知名的云计算厂商。也就是说，日本在大模型领域的落后，其根源从互联网时代就开始了。比如，目前日本使用的即时通信软件主要由韩国的Line提供，而云计算业务几乎长期且全部被美国企业垄断。举例说明，日本云计算市场份额约占全球的4%，排名第四。但日本云计算市场的主要竞争者是美国的三大云巨头亚马逊、谷歌、微软，三者在日本的市场占有率已经达到60%~70%。

2. 日本大模型长期模仿美国和韩国

日本面临诸多大模型产业链供给问题。按照传统理解，日本将会在 AI 芯片领域具有较大优势，但半导体产业的衰落，让日本在本应具有优势的领域缺位；并且作为一个小语种国家，日语面临缺乏语料的问题。在这样的背景下，日本在 AI 时代其实已经丧失了自主权。也正因为如此，日本的 AI 大模型背后或多或少都有美国或者韩国企业的身影。以下例子很好地说明了这个问题。

日本在 2020 年发布的 NTELLILINK Back Office NLP 大模型，能够实现文档分类、知识阅读理解、自动总结等方面的功能，但 NTELLILINK Back Office 是在谷歌 BERT 基础上开发的应用，就像我国的许多大模型是基于 GPT-3 开发的应用一样。

日本生成式语言大模型 HyperCLOVA、Rinna 等，也都有美国、韩国等国的科技元素在内。其中，HyperCLOVA 最初是由韩国搜索巨头 Naver 在 2021 年推出的，其日本版则是由 Naver 和其子公司 Line 一起研发的。但 HyperCLOVA 确实是第一个专门针对日语的语言大模型，它通过爬取日本的博客服务来获取训练数据，并在 2021 年举行的对话系统现场比赛中获得所有赛道的第一名。基于 HyperCLOVA，Line 也推出了许多应用，比如聊天机器人 CLOVA Chatbot、图像识别 CLOVA OCR 和科洛瓦演讲 CLOVA Speech 等。目前，HyperCLOVA 拥有 820 亿个参数，正计划通过超 100 亿页的日文数据作为学习数据将模型规模扩大到 1750 亿页。

日本的另一个 AI 大模型 Rinna 则与微软有关。Rinna 最初是微软日本研发的一款聊天机器人。2021 年 8 月，Rinna 发布了一个名为 GPT2-medium 的模型，然后又在次年推出了日本版的 GPT-2，参数达到 13 亿个。日本版 GPT-2 与原版 GPT-2 的区别在于，原版 GPT-2 采用的是英文语料，而日本版 GPT-2 是基于日语语料训练。所以算起来，ELYZA Pencil 才算真正意义上日本首次公开发布的生成式 AI 产品，但仅有 ELYZA Pencil 在支撑日本大模型的发展。

3. 日本政府在努力扭转大模型不能自主的困窘

总体来看，日本处于大模型领域的"吊车尾"。目前日本政府已经意识到这个问题的严重性，也在试图扭转这种局面。例如，2022年5月，日本政府计划将云计算服务列为涉及国家安全的"特定重要物资"，并将加强本国的"国产云"，但执行下来收效甚微。日本学术界与产业界也在积极推动大模型的应用和研究。例如，2022年5月，东京大学和Google Brain的一个研究团队发表了论文《大型语言模型是零样本的推理器》(*Large Language Models are Zero-Shot Reasoners*)，解决了大模型零样本学习的部分问题。此外，日本研发人员在积极调用GPT-3的API，尝试开发自己的独特应用。

（二）韩国大模型发展情况

1. 韩国财阀垄断大模型领域

韩国是最早投入大模型研发的国家之一，但是如同其经济长期被财阀垄断一样，韩国大模型也主要由互联网巨头Naver和Kakao、移动运营商巨头KT和SKT，以及通信巨头LG等财阀布局研发。值得说明的是，韩国的大模型初创企业也都有韩国财阀的支持。例如，2022年，KT公司对Rebellions Inc.进行了战略投资。后者是一家位于韩国本土的AI初创公司，在专用芯片方面拥有独特的技术。Rebellions将为KT公司优化MIDEUM，并推动其商业化。除此之外，KT公司投资了AI初创公司Moreh，计划研发一套韩国的半导体，效率目标是达到现有半导体水平的三倍以上。实际上，KT公司希望通过投资方式，全面进入由英伟达主导的AI半导体市场。

2. 韩国大模型紧跟美国研发步伐

紧跟美国大模型研发步伐是韩国布局大模型的重要特点之一。例如，在2020年OpenAI发布GPT-3的论文后，韩国企业在次年就推出了GPT-3的应用产品。再如，2020年谷歌、亚马逊等美国巨头推出AI加速芯片时，韩国SKT也同步推出了自主研发的AI加速芯片SAPEON X220。

3. 韩国在发展大模型方面具有两大优势

在底层支撑方面，比如芯片领域，韩国在芯片半导体方面的积累放大了韩国发展AI大模型方面的优势。韩国企业正在与半导体企业积极合作，以应对大模型发展带来的算力挑战。例如，在2022年，Naver开始与三星电子合作开发下一代人工智能芯片解决方案，该方案主要是对基于Naver推出的AI大模型HyperCLOVA进行优化。

在产业链布局方面，韩国的AI大模型基础设施建设较为完善。例如，在算力方面，有三星电子、SKT等半导体巨头；在互联网方面，有Naver和Kakao这样的标杆企业；在搜索公司方面，韩国搜索公司Naver有较大优势，它在2021年推出了HyperCLOVA，这个韩国版的HyperCLOVA拥有2040亿个参数，比GPT-3还要多290亿个参数，且其中97%使用的是韩文语料。

4. 韩国大模型应用探索情况

目前，韩国AI大模型垂类行业的应用已经有比较多的探索。比如，KoGPT主要应用在医疗保健领域，专注于开发基于AI的图像创建技术和医疗保健技术，而Exaone在生物医药和智能制造方面也在逐步推广。再如，韩国KT公司在2022年推出了基于GPT-3的人工智能服务MI：DEUM，它能够实时回答问题、总结报纸文章，并给出投资建议。目前，KT公司正在积极向韩国的金融服务公司推广MI：DEUM。

但总体来看，韩国公司对人工智能并不友好。比如，韩国Genesis Lab Inc.公司（专注于交互式AI技术的机器学习技术）创始人兼CEO Lee Young-bok表示，韩国产业界总体来看对人工智能并不友好，韩国政府和公共组织应该更积极地采用人工智能技术。

5. 韩国在发展大模型方面面临的问题

一是韩国AI大模型领域缺少初创公司，且韩国对初创公司的投资比较匮乏。斯坦福大学HAI发布的AI Index 2022数据显示，韩国初创企业获得投资额11亿美元，约占美国初创企业获得投资额529亿美元的2%，甚至低于以色列的24亿美元。这导致韩国在AI初创独角兽公司方面落后于其他国家。此外，全球科技市场追踪机构CB Insights的数据显示，美国的AI独角兽公司数量最多，中国位居第二，其次是英国。但数据显示，韩国没有AI独角兽公司。

二是韩文在语料方面面临复杂的语言体系和语料不足的问题。比如，HyperCLOVA工程师曾经说："韩语是一种凝集性语言，名词后面有例子，动词和形容词的词干后面有尾音，并有各种语法性质的表达。对韩语使用类似英语的标记化已被证明会降低韩语语言模型的性能。"

三是韩国严格的数据使用规定阻碍了韩国初创企业收集足够大的数据来训练AI大模型。韩国目前是全球数据信息管理最严格的国家之一。虽然在2020年韩国通过了三大数据隐私法的修订法案，以放宽对个人信息使用的规定，但该国对数据使用的规定仍比其他国家更严格。比如，2021年初，韩国AI初创公司Scatter Lab上线了一款基于Facebook Messenger的AI聊天机器人"李LUDA"，但仅过了20天，"李LUDA"就不得不终止服务，Scatter Lab甚至为此公开道歉。原因在于，"李LUDA"上线之后，一些韩国男性用户将其视作性对象甚至"性奴隶"，肆意发泄自身的恶意。他们对"李LUDA"进行各种言语上的侮辱，并以此作为炫耀的资本，在网上掀起"如何让LUDA堕落"的低俗讨论。此外，"李LUDA"的问题也牵涉出韩国的个人信息保护问题，并有相关部门介入调查。总体来看，"李LUDA"的案例在韩国引起了关于AI大模型发展的伦理、道德等方面的问题。

（三）欧洲国家大模型发展情况

1. 欧盟人工智能侧重监管措施

欧盟在人工智能领域有一项重要的立法，就是欧盟委员会在2021年提出的《人工智能法案》。出台该法案的原因主要有三方面：一是欧盟认为从跨国视角来看，各国独立的监管措施将会导致监管碎片化，妨碍欧盟跨境人工智能市场的形成，也会威胁到数字主权；二是欧盟担心复杂的监管会抑制创新、威胁个人隐私,甚至担心一旦 AI 失控,将会引发一系列潜在风险;三是欧盟希望通过立法方式参与到全球人工智能的标准制定当中。但值得说明的是,欧洲对其他国家的技术依赖可能会成为影响欧盟参与制定人工智能全球标准的关键因素。

《人工智能法案》本质上是欧盟希望将不同的 AI 技术的风险水平分成非高风险、高风险以及不可接受的风险三类。在欧盟销售或使用人工智能产品必须遵守该法案要求。其中,高风险技术欧盟不会完全禁止,但要求相关公司在运营过程中要保持高度透明。比如,在大模型领域,就要求相应的公司阐明其人工智能模型的内部运作方式。

2. 欧洲整体扮演大模型使用者角色

欧洲在 AI 大模型方面,目前主要扮演使用者的角色,即通过接入其他国家开发的大模型 API 来开发应用。比如,芬兰的 Flowrite 和荷兰的 MessageBird 都是在 GPT-3 的基础上运行的。其中,Flowrite 基于 AI 的写作工具,可以将输入关键词生成邮件、消息等内容;MessageBird 则是一个全渠道通信平台。

此外,美国 FLI(Future of Life Institute),它是美国的一家致力于减少人类面临的全球灾难性生存风险的非营利性机构,先进人工智能带来的风险是其最重要的研究方向之一。该机构同样认为"欧洲没有开发通用人工智能系统,也不太可能很快开始这样做"。

在产业链布局方面,可以说整个欧洲都缺乏有影响力的 AI 大模型企业。例如,英国的 DeepMind 是美国 Alphabet 的全资公司。虽然欧洲在大模型技术和应用上落后于美国和中国,但是欧洲政府很看重大模型在公共事业领域的应用。又如,法国政府资助了 AI 初创公司 Hugging Face,该公司通过征集全球 1000 多名志愿者,耗时一年多,研发出了 BLOOM AI 大模型。该模型设计较为透明,拥有 1760 亿个参数,且第一次采用了西班牙语、阿拉伯语等语言训练,旨在消除传统语言大模型的保密性和排他性。同时,该模型在研发之初,就考虑了嵌入伦理等因素。此外,BLOOM 最大的特点在于可访问性，任何人都可以从 Hugging Face 网站免费下载它进行研究。从欧洲的视角来看，推动 BLOOM 的可访问性是一项致力于 AI 民主化的重要工作。

在市场方面，欧洲缺乏统一的大市场。在 GDP 总量上，欧盟 2022 年的 GDP 总量约为 16.65 万亿美元，与中国相当。在人口数量上，欧盟 2022 年的人口为 4.47 亿人，甚至超过美国的 3.33 亿人。但欧盟共有 28 个国家，23 种官方语言。

此外，欧盟目前实行与美国深度绑定的策略，也导致欧盟在互联网时代没有创造出一个大型的互联网企业，进而影响了欧盟在数据量、云计算、推理训练等 AI 大模型相关的基础设施的布局，与美国、中国以及日韩之间的差距逐渐被拉大。也正因为如此，对于中国来说，欧洲将会是中国企业布局大模型领域的潜在巨大市场。

3. 德国在大模型领域走在欧洲前列

德国在大模型领域走在欧洲前列。它主要从以下三方面入手，进行大模型的布局。

一是在合作研发方面。比如，柏林工业大学与谷歌合作研发了多模态大模型 PaLM-E。PaLM-E 拥有 5620 亿个参数，是全球最大的视觉语言模型。

二是在自行研发方面。比如，2022 年 4 月，德国初创公司 Aleph Alpha 推出了预训练模型 Luminous。该模型拥有 700 亿个参数，大约是 GPT-3 的一半左右。但 Aleph Alpha 公司表示 Luminous 的最大特点在于更保护安全和隐私，它"不记录任何用户数据"。

三是在人工智能基础设施建设方面。德国人工智能协会正在开展一项大型的欧洲人工智能模型（LEAM）计划，并得到了博世、SAP、大陆、拜耳、默克等德国行业巨头以及欧洲类似人工智能协会的支持。LEAM 计划投资 3.5 亿欧元，将从数据收集、人才培训、基础设施建设等方面为欧洲 AI 大模型的发展建立一个富有竞争力的 AI 生态系统。

三、中国大模型发展情况

从全球范围来看,中国和美国在大模型领域引领全球发展,处于发展的第一梯队。《中国人工智能大模型地图研究报告》显示,截至 2023 年 5 月,美国发布了 100 个 10 亿个参数以上的大模型。我国紧随其后。2021 年 6 月,北京智源人工智能研究院推出了 1.75 万亿个参数的悟道 2.0;2021 年 11 月,阿里推出 10 万亿个参数的 M6 大模型。截至 2023 年 5 月,我国已发布 79 个大模型。但是与美国相比,两个国家在数据安全、隐私合规、科技监管等方面执行不同的策略,中国有望形成自身相对独立的大模型市场格局。

(一)在政策层面

在国家层面,中国明确鼓励作为硬科技的 AI 大模型产业发展,但仍需事前规范。2023 年 4 月,中共中央政治局会议指出"要重视通用人工智能发展,营造创新生态,重视防范风险"。2023 年 5 月,中央财经委会议提出"要把握人工智能等新科技革命浪潮"。AI 大模型作为国家支持的硬科技产业,其发展势不可挡,但存在的风险亦不容忽视。2023 年 7 月,国家网信办联合国家发展改革委、教育部、科技部、工业和信息化部、公安部、国家新闻出版广电总局发布《生成式人工智能服务管理暂行办法》。该办法是中国首部大模型监管法规,自 2023 年 8 月 15 日起施行,旨在促进生成式人工智能健康发展和规范应用,维护国家安全和社会公共利益,保护公民、法人和其他组织的合法权益。总体来看,我国 AI 监管在上位法形成的法律框架下多个部门规章接续出台,治理体系持续完善。中国对于生成式人工智能大模型的治理主要集中于内容管理、算法管理、数据管理以及知识产权的管理方面。其中,在内容管理方面,《生成式人工智能管理服务暂行办法》降低了对生成内容真实性的要求,同时对于 to B 端备案也有所简化。在算法方面,人工智能大模型的黑箱特征与安全评估要求并不匹配,增加了算法的难度,我国审批备案有可能也会出现新的特点。

在地方层面，地方政府对 AI 大模型持鼓励态度，政策围绕算力、数据和算法等方面分步梯次化推荐。在算力方面，地方政府更关注智算中心的投资建设，财政资金主要支持基建投资补贴和算力购买两个方面，在数据方面，地方政府更关注数据资源体系建设，盘活政府数据和公共数据价值以支持当地算法企业发展；在算法方面，地方政府以数据为抓手，按照政府内部、公共行业和商业场景三方面分步推动 AI 大模型的场景落地。

（二）在技术层面

总体来看，中国在人工智能领域取得了令人瞩目的成就，这主要得益于丰富的数据资源、强大的计算能力、科研机构与企业的紧密合作等因素。当前，中国在大模型技术研发上已初步形成了"理论研究→技术产品研制→产业应用"的完整链条，在大模型技术方面表现出了强劲的发展势头。其中，大规模预训练模型的研发和落地成为重点发展方向，涵盖了自然语言处理（NLP）、计算机视觉（CV）以及多模态等多个领域。

在自然语言处理领域，以阿里云研发的通义千问为代表，该模型基于 Transformer 架构，经过大规模训练后，在多项 NLP 任务中展现出了强大的表现力和泛化能力。通义千问不仅能够实现精准的文本生成、问答交互，还能跨领域地进行知识推理与创作，标志着中国在预训练大模型研发上的重要突破。

在计算机视觉（CV）领域，其主要任务包括图像分类、目标检测与跟踪、图像分割和场景识别等。这些任务在日常生活中有着广泛的应用，如智能安防、自动驾驶、人脸识别、机器人视觉、医学影像分析、虚拟现实和增强现实、智能家居、智能购物等。为了实现这些任务，需要采用各种算法和技术，如卷积神经网络（CNN）、支持向量机（SVM）、随机森林等。

在跨模态学习的大模型领域，除了单领域或者专领域的深耕外，中国跨模态大模型也取得了显著进展。例如，华为发布的盘古大模型，实现了图像、文本等多种模态数据间的深度融合和理解，为智能搜索、内容生成、虚拟现实等应用场景提供了坚实的技术支撑。

(三) 在应用层面

中国大模型的应用正进入一个快速发展的阶段,它不仅展现了中国科技的雄厚实力,也在逐步改变社会经济生活的方方面面。

在教育行业,基于大模型技术开发的教学助手可以针对学生的学习情况进行个性化辅导,提供定制化的教育资源和答疑服务,助力提升教学质量与效率。

在新闻媒体行业,新华社联合相关企业推出了"快笔小新"AI写稿机器人,利用大模型进行新闻稿件自动生成,极大地提升了新闻生产的效率和覆盖范围。

在智能客服领域,大部分电商平台和公共服务系统已采用大模型驱动的智能客服解决方案。它能准确理解和响应用户需求,有效减轻人工客服的压力,提高客户的满意度。

在创意设计领域,在设计环境时,大模型被用于辅助或生成创意内容,例如绘画、广告文案撰写等,既释放了设计师的创造力,也加速了内容生产流程。

第三节 大模型核心技术体系

大模型蕴含着"大模型"和"预训练"两大元素。模型在大规模数据集上经过预训练,再经过微调,就能在各个领域应用。大模型在发展过程中有两个最重要的技术原理:一是 Transformer 结构,二是 Pre-trained 预训练。

一、Transformer 结构

(一) Transformer 基本情况

2017 年,谷歌发表《关注你所需要的》(*Attention is All You Need*) 的文

章。在该文章中，谷歌提出了一种颠覆性的模型结构，即 Encoder-Decoder 结构 Transformer。在这之前的模型，大多以 RNN 或者 LSTM 等结构作为基本构建模块。

目前，Transformer 结构已经成为当前大模型领域主流的基础结构，除了处理创新性以注意力模块作为基本计算单元外，它还通过引入时序编码，实现了算法处理的并行策略，大幅提升了算力运算效率。具体来说，Transformer 结构的优点有以下三方面：

（1）Transformer 模型采用自注意力机制，这使得人工智能算法能够注意到输入向量中不同部分之间的相关性，进而可大幅提升精准性。

（2）Transformer 模型属于无监督学习的自监督学习，因此不需要标注数据，模型可以直接从无标签数据中自行学习特征，进而可大幅提高效率。

（3）Transformer 模型承担具体任务时，微调只需要利用其标注样本对预训练网络的参数进行调整，也可以针对具体任务设计一个新网络，把预训练的结果作为其输入，大大提升了其通用泛化能力。

Transformer 是一个崭新的端到端模型，它采用注意力机制捕获上下文信息。Transformer 整体结构由编码器和解码器组成，被广泛应用于各种任务，包括将一种语言翻译成另一种语言的翻译工作，以及将图片中的文字变成计算机可读的文本的 OCR 任务等。正因如此，这个模型才如此名副其实，被称为 Transformer。Transformer 模型结构有两个最重要的概念：一是编码器和解码器构成的端到端模型，二是可以捕获上下文信息的注意力机制。

（二）编码器和解码器构成的端到端模型

Transformer 模型将编码器—解码器思想与注意力机制实现了完美融合。在 Transformer 模型结构上，GPT 模型只采用了 Transformer 模型的解码器部分，但 GPT 的用途与 Transformer 有很大区别。如果说 Transformer 的诞生旨在解决如翻译等实际任务，那 GPT 的出现则源于先进的预训练思维。

(三) 大模型 LLM 架构方向 Encoder & Decoder

时下流行的语言大模型（LLM）采用了 Decoder-only 的结构。目前，OpenAI 为大模型行业提供了成功的范例，因此越来越多的企业和研究人员选择效仿 OpenAI 的做法。但是，在 GPT-3 之前，以 BERT 为代表的 Encoder-only 结构是主流，随着 OpenAI 公司 GPT-3 的不断发展，包括创建拥有数百亿个参数的大模型、进行大规模预训练以及使用高质量语料数据，Decoder-only 模型的优势逐渐显现出来，尤其是在生成任务方面。

目前业界主流的语言大模型结构大多受到了 OpenAI 的 Decoder-only 结构的启发，但 Decoder-only 比 Encoder-decoder 结构是否更适用于语言大模型，业界尚未有明确的结论。实际上，在不同的应用场景和任务中，这两种不同的结构可能会有各自的优势，因此模型的选择可能取决于具体的需求和性能要求。

(四) 注意力机制

注意力机制是一种用于处理文本数据的机制，它通过卷积计算解决了循环神经网络（RNN）无法真正双向捕获上下文以及无法并行计算的限制。注意力机制模拟人类思考，可以帮助计算机更好地理解文本中的关系。就像人们在看待事物时，会把更多的关注放在某些部分，而不是平均对待所有东西。这种注意力机制就是可以捕获上下文信息，允许计算机集中精力关注文本中不同部分，从而更好地理解上下文信息。

二、Pre-trained 预训练

(一) 预训练原理

预训练的原理是基于深度学习和自监督学习的思维，其核心思想是通过大规模的无监督学习，训练出一个通用的神经网络模型，然后在特定任务上微调它，使其适应特定的应用需求。目前，业界在这一方法上，尤其

是在自然语言处理和计算机视觉等领域中取得了巨大的成功，使模型能够在各种任务上表现出色。

（二）预训练步骤

一般而言，预训练分为两个步骤：第一步是预训练，即通过自监督学习从大规模数据中获得一个与特定任务无关的模型，这一步骤旨在帮助模型理解词语在不同上下文中的语义表示；第二步是微调，这一步主要是针对具体任务对模型进行调整。

模型可以是单语言的、多语言的，也可以是多模态的。经过微调后，这些模型可用于各种任务，包括分类、序列标记、结构预测和序列生成，同时可以用于构建文摘、机器翻译、图片检索、视频注释等应用。模型预训练的训练数据可以是文本、文本—图像对或文本—视频对等，训练方法可以使用自监督学习技术，如自回归的语言模型和自编码技术。

（三）预训练发展趋势

预训练模型的发展主要呈现出三大趋势：一是模型规模越来越大，参数数量也越来越庞大。举例说明，从 GPT-2 到 GPT-3，模型的参数从 15 亿个增长到 1750 亿个。二是预训练方法不断增加，从自回归语言模型朝着各种自编码技术、多任务训练等方面发展。三是模型的应用领域不断扩展，涵盖语言、多语言、代码和多模态等多个方面。

总体而言，预训练模型的核心思想就像一把万能钥匙，这把钥匙可以打开各种不同任务的锁。这意味着只需一个通用模型，就可以应对智能对话、阅读理解、文本续写等各种不同的算法任务。这种灵活性使得预训练模型在多个领域都能发挥作用，也因此提高了它在人工智能应用中的通用性和效能。

三、大模型涉及的关键技术

大模型沿着技术成熟度曲线快速爬升，速度惊人。举例说明，GPT-1

到 GPT-4，OpenAI 仅用了 5 年左右的时间。大模型的成熟速度离不开以下技术的驱动。

（一）并行计算

现在的大模型参数规模达到了数百亿甚至千亿级别。随着参数规模的快速增长，大模型对计算和存储成本的需求越来越大，亦需要构建更加高效的分布式训练算法体系，通过模型并行、流水线并行、数据并行等技术实现大模型的训练过程。通过重计算方法可以大幅降低计算图的显存开销，通过混合精度训练提速模型训练，基于自动调优算法选择分布式算子策略等。目前，典型的并行计算方式主要有两种思路：数据并行和模型并行。其中，模型并行又分为张量并行和流水线并行两类。

1. 数据并行

数据并行是一种最为常见的并行形式。在数据并行训练中，一般将数据集分割成几个集合，并将分割的每个集合分配到一个设备上，这相当于按 Batch 维度对训练过程进行并行化处理。这样的话，每台设备都将拥有一个完整模型副本，并可以在分配的数据集上进行训练。在反向传播之后，模型的梯度将被全部减少，以使在不同设备上的模型参数保持同步。在实际训练中，随着模型参数越来越大，模型容量也越来越大，单个设备上很难装下完整的模型副本。所以除了数据并行，模型并行在超大规模参数的大模型训练中尤为重要。

2. 模型并行

模型并行即将模型分割并分布到一个设备阵列上，目前主要有张量并行和流水线并行两类。其中，张量并行的核心思想是将矩阵乘法进行拆分，从而降低模型对单卡的显存需求；流水线并行的核心思想是将模型按层分割成若干块，每块都交给一个设备。上述分析可以理解为，张量并行是在一个操作中进行并行计算，而流水线并行是在各层之间进行并行计算。

（二）涌现

涌现（emergence）常被用在哲学和生物学等领域。1972年，菲利普·安德森（Philip Anderson）在《多者异也》(*More is Different*)一文中指出，当一个系统的量变引发质变时，称之为"涌现"。在大模型研究中，研究人员观察到一个现象：随着模型的参数量越来越大，模型的能力也越来越复杂。当参数超过某个阈值或临界点的时候，模型会出现类似人类的思维和推理的复杂能力，因此"涌现"也被引申到大模型领域。

2022年8月，谷歌、DeepMind、斯坦福和北卡罗来纳大学联合发布《语言大模型中的涌现是海市蜃楼吗？》(*Are Emergent Abilities of Large Language Models a Mirage?*)，该文分析了GPT-3、PaLM、LaMDA等多个大模型，发现随着训练时间（FLOPs）、参数量和训练数据规模的增加，模型的某些能力会"突然"出现拐点，其性能肉眼可见地骤然提升，而这些涌现能力已经超过了137多种，包括多步算术、逻辑推导、概念组合、上下文理解等。对于大模型涌现背后的技术逻辑，现在业界并没有公论，还需要继续研究。

（三）嵌入

向量数据库是大模型必不可少的技术和基础设施。之所以重要，原因在于其背后的嵌入（embedding）技术。

在机器学习和自然语言处理中，嵌入是指将高维度的数据，如文字、图片、音频等，映射到低维度空间的过程。嵌入向量通常是一个由实数构成的向量，它将输入的数据表示成一个连续的数值空间中的点，也就是说，这种技术几乎可以用来表示任何事物，如文本、音乐、视频等。

在语言大模型中，嵌入技术解决了大模型的输入限制，如通过将单词和短语表示为高维向量，嵌入允许语言模型以紧凑高效的方式编码输入文本的上下文信息。然后，模型可以使用这些上下文信息来生成更连贯和上下文适当的输出文本，即使输入文本被分成多个片段。

(四) 上下文学习

上下文学习 (in-context learning, ICL) 指在特定上下文环境中进行的机器学习方法，可以考虑文本、语音、图像、视频等数据的上下文环境，以及数据之间的关系和上下文信息的影响。这种能力简单来说就是对于一个预训练好的语言大模型，迁移到新任务上的时候，只需要给模型输入几个示例，模型就能为新输入生成正确输出，而不需要对模型做 fine-tuning。在这种方法中，学习算法会利用上下文信息来提高预测和分类的准确性及有效性，且不改变模型参数。

(五) 提示工程

提示 (prompt) 工程是一个全新领域，其关注的是创建和优化 prompt，从而让大模型能最有效地应对各种不同应用和研究领域。可以说，prompt 工程的好坏将直接影响大模型输出的质量和准确性。prompt 是大模型自然语言输入序列，需要针对具体任务创建。prompt 可包含多个元素，如指示、背景信息、输入文本。其中，指示是告知模型执行某特定任务的短句。背景信息是为输入文本或少样本学习提供相关的信息。输入文本是需要模型处理的文本。

prompt 工程的目标是提升大模型应对多样化复杂任务的能力，如问答、情绪分类和常识推理。目前，公认的 prompt 工程有思维链、外部知识增强、自动化等。其中，思维链 prompt 是通过中间推理步骤来实现复杂推理；外部知识增强通过整合外部知识来设计更好的 prompt；自动化 prompt 工程则是一种可以提升大模型性能的 prompt 自动生成方法。

(六) 监督微调

监督微调 (supervised fine-tuning, SFT) 是指在源数据集上预训练一个神经网络模型 (源模型)，然后创建一个新的神经网络模型，即目标模型，目标模型复制了源模型上除了输出层外的所有模型设计及其参数。微调时，为目标模型添加一个输出大小为目标数据集类别个数的输出层，并随机初始化该层的模型参数。在目标数据集上训练目标模型时，将从头训练到输出层，其余层的参数都基于源模型的参数微调得到。随着技术的发展，涌现出越来越多的语言大模型，且模型参数越来越多，传统的监督微调方法已经不再能适用于现阶段的语言大模型。为了解决微调参数量太多的问题，同时也为保证微调效果，参数高效的微调方法（parameter efficient fine tuning，PEFT）应运而生。

目前，参数高效的微调方法主要包括以下几种。

（1）LoRA（low-rank adaptation of large language models），直译为语言大模型的低阶自适应。LoRA 微调方法由微软提出，它的基本原理是冻结预训练好的模型权重参数，在冻结原模型参数的情况下，通过往模型中加入额外的网络层，只训练这些新增的网络层参数。这些新增参数数量较少，成本显著下降，大大减少了下游任务的可训练参数数量，还能获得和全模型参数参与微调类似的效果。

（2）P-tuning v2，该微调方法是在模型中加入 prefix，即连续的特定任务向量，微调时只优化这一小段参数。基于多任务数据集的提示进行预训练，然后适配下游任务，只对提示部分的参数进行训练，而语言模型的参数固定不变。

（3）freeze，即参数冻结，是对原始模型的部分参数进行冻结操作，仅训练部分参数，以达到在单卡或不进行 TP 或 PP 操作，就可以对大模型进行训练。在语言模型微调中，freeze 微调方法仅微调 transformer 后几层的全连接层参数，而冻结其他所有参数。

（七）对齐

当模型训练好后，就需要适配到下游任务。模型适配就是研究面向下游任务如何用好模型，这个过程就是对齐（alignment）。

传统上，模型适配更关注某些具体的场景或者任务的表现。而随着 ChatGPT 的推出，模型适配也开始关注通用能力的提升以及与人的价值观的对齐。这个过程也可以被认为是大模型的一个社会化过程，用来规范大模型的"言行举止"。指令微调（instuction tuning）是目前主流的对齐方式，即从训练和下游任务的形式上入手，通过为输入添加提示来将各类下游任务转化为预训练中的语言模型任务，实现对不同下游任务以及预训练—下游任务之间形式的统一，从而提升模型适配的效率。

在对齐过程中，经常会提到人类反馈的强化学习（RLHF）。RLHF首次在InstructGPT中被提出。其背景是GPT-3在下游任务上虽然远超其他大模型，但是GPT-3模型在具体问题的回答上存在一些偏见，为了解决GPT-3存在的问题，RLHF算法被OpenAI提出。因此，RLHF算法主要有三大目标：（1）能帮助用户解决问题；（2）不能捏造事实，不能误导用户；（3）不能对用户或环境造成物理或者精神上的伤害。

RLHF算法的主要步骤也有三步：第一步，用人工标注的数据有监督微调训练SFT模型；第二步，训练一个奖励模型RM；第三步，用RL算法调整SFT模型参数。

第四节　大模型应用前景展望

一、大模型应用整体情况

通过对全球典型国家大模型发展情况的梳理，笔者综合分析后认为，大模型的主要应用形式有三类：一是直接进行应用，常见的有对话式AI、图文生成、信息检索等功能；二是将大模型嵌入原有应用或开放API接口接入第三方应用，以提升应用效率和服务体验；三是将大模型作为基座模型，通过云上调用或本地部署的方式服务于特定企业或机构。

闭源大模型由于开放性有限，通常采取前两种方式进行部署。例如，OpenAI的GPT系列模型对外并不开源，因此采用对话式AI的方式直接应用，或是开放API接口，与ScholarAI、Expedia、OpenTable等企业进行合作，赋能咨询查询、旅行订票、买菜订餐等行业应用。同时，OpenAI 与其投资方微软联合，将 GPT-4 的能力附加在原有的搜索引擎、Office 软件、GitHub 平台等应用上，并推出 Bing Chat、GitHub Copilot 等应用，通过迅速"AI 化"升级原有应用，提升产品竞争力。

开源大模型如 Llama2、百川大模型等则更加开放。开源大模型可采取三种应用模式，并在开源社区中产生诸多微调版本，如 Open-Platypus 就是基于 Llama2 的微调模型。微调模型一般会在更小规模、更高质量的数据集上进行微调，更适用于特定场景。

笔者通过调研发现，虽然大模型在市场上热度持续，但在实际盈利上一直没有得到突破，大部分企业还没有开辟持久有效的盈利模式。从 to C 角度来看，大模型商业 to C 的盈利模式主要采用了互联网流量变现的方式，如传统的软件订阅、广告变现、引流等。而模型部署服务则按照部署费用及实际运算量付费。从 to B 角度来看，to B 的盈利方式较为多元，既有提供模型训练微调的垂直领域服务，也有集成数据、模型为一身的模型训练等平台式服务，主要盈利模式是开放企业级 API 对 B 端用户收费，如收取部署费用或按照实际运算量付费。当前，这类服务在美国生态较为成熟，在我国只有百度等大厂开放的云平台提供类似服务。

鉴于上述分析，本书将聚焦在 to B 领域开展大模型应用的介绍。当前，互联网办公行业已在全面推广大模型应用，金融行业和电子商务等行业对于大模型的接受程度比较高。受限于安全性、专业性、价值性等因素，工业制造业、医疗行业等对大模型应用持谨慎态度，因此推进也较慢。鉴于上述分析，本书选取金融行业、电子商务、工业制造业和医疗行业开展大模型应用情况研究。

二、大模型+金融行业

银行、证券、基金、保险等金融机构是最早进行数字化转型的行业，数字化成熟程度较高，因此成为大模型落地应用的最佳场景。

金融行业积淀了金融交易数据、客户信息等海量数据，这些海量数据基础为大模型的落地应用和推广提供了便利条件。目前,大模型在金融领域的应用分为生成式应用和决策式应用两类。

(一) 生成式应用

生成式应用是大模型关于内容、观点、想法等的输出,可以用在智能对话机器人、金融产品营销广告等场景中。例如,在客服场景中,可以实现人机交互对话;在营销场景中,可以自动生成界面或者在 App 端生成宣传单、宣传视频等。总体来看,大模型在生成式场景中的实践可以总结为从海量数据中基于特定概率提取出有效信息或可靠答案。生成式场景应用发展较快,总体已经处于试点应用阶段。

(二) 决策类应用

决策类应用是大模型根据市场数据或特定规则来进行决策,并根据决策结果采取相应行动,如投研场景、投顾场景、风控场景等。在投研场景中,可结合互联网数据、新闻动态信息等,对企业发展趋势进行分析。在投顾场景中,可根据信用历史、财富情况等用户画像,针对性地做相关理财产品推荐。在风控场景中,大模型可根据客户的信用,研判评分和风险等级等。总体来看,决策式大模型比生成式大模型在金融领域的落地难度更大。这一方面是因为决策式场景对于业务的预期价值量更大,另一方面是因为对数据结果的准确性和专业性要求更高。

三、大模型+电子商务

大模型在泛消费领域的应用聚焦于电子商务场景,其本质价值是促进商家的运作效率,提升消费者的购买体验。在电子商务行业,大模型的应用也可以按生成式应用和决策式应用进行划分。

(一) 生成式应用

生成式应用主要包括智能客服、广告营销、数字营销等。其中,智能客服具有强大的语言理解能力和文本生成能力，能够快速理解客户的需求，并进行解答咨询，因此可以提供更为个性化、贴心的服务方案。因此，电子商务企业经常使用智能客服机器人对消费问题进行回复，以此降低人工沟通成本，并且这种趣味式互动也提升了顾客体验。比如，我国的美团、天猫、京东都已经使用了智能客服机器人。此外，传统的品牌宣传、广告宣传等，都需要消费大量的时间和精力，还面临着品牌推广难、广告投放不佳等难题，但大模型能够在很短的时间内，针对各类消费群体快速输出一人一策的定制化营销内容，如文案、图片、视频等，更针对性、更深层次地触达目标人群，从而降低品牌推广、广告制作的成本。

（二）决策式应用

决策式应用主要应用于智能供应链、智能推荐商品和智能广告推送等场景。在智能供应链场景中，其解决方案以商品智能预测为主，大模型可以促进物流体系智能化管理，也可以全面优化从仓储到配送等环节流程。在智能推荐商品中，大模型解决方案主要基于海量的数据集，进而实现高效的洞察、分析消费者偏好，并提供智能选品方案和精准商品推荐服务，实现从"人找货"到"货找人"的转变，以提高消费者选择商品的体验。

四、大模型+工业制造

在工业制造领域，一般会将大模型与工业制造业常用的 ERP、MES、SCADA、QMS 系统等软件工具结合使用，以达到提高生产制造效率和提升产品性能与质量的目的。从时间来看，在工业制造领域，大模型主要用于优化生产计划、实时监测生产过程、控制生产成本以及实现智能制造等。

（一）优化生产计划

传统的制造业生产计划编排通常依靠人工经验和少量数据分析，但这种方式已经难以适应当前市场的快速变化。如果在生产计划环节引入大模型，就可以对货品订单、库存、工人、设备运行与利用等因素进行综合分析，进而确定最佳的生产计划和排期方案。

（二）对生产过程进行实时监控

传统的管理方法已经无法做到对生产过程的全面监控，也无法有效控制生产制造成本。如果将大模型用于对设备运行状态、工人产能、原材料消耗等因素的实时监测和分析，就能够及时发现生产过程中的异常，并根据分析结果进行调整，降低制造产品的不合格率。

（三）控制生产成本

大模型能够对产品制造过程中的材料、能源、劳动力等成本因素进行全面分析和优化，实现降低生产成本和提高效率的目标。

（四）智能制造

利用大模型，结合智能机器人、物联网技术，可实现生产过程的全面自动化和智能化，进而提高生产效率和产品质量。未来，随着制造业数字化转型的持续推进以及全球市场竞争的不断加剧，工业制造业对利用大模型对生产过程进行全面自动化和智能化升级改造的需求将逐步扩大。

五、大模型+医疗行业

大模型依托 CV、NLP、单/多模态等技术，可以具备强大的创作能力、交互能力、孪生能力、推理决策等能力，因此在医疗领域，大模型可以为下游的各个医疗场景应用奠定基础。同时，大模型通过监督微调、提示工程等环节，就能用于诊前、诊中、诊后的智慧医疗全周期中。

（一）诊前应用

大模型不仅可以生成高质量的自然语言文本，还具备强大的问答能力，因此可以使用大模型搭建医疗问答系统，回答患者关于挂号问诊、基础医疗知识、健康宣教等方面的问题，进而减轻医务人员的负担，提高患者的就诊效率。

(二) 诊中应用

电子病历是临床诊中重要的应用工具之一,它是指医务人员在医疗活动过程中以文字、符号、图表、数字、影像等形式产生和记录的重要医疗信息资源。由于病历涉及的内容繁杂且形式多样,在临床中记录、使用和分析的效率不高,因此可借助大模型强大的理解分析和创造能力,自动化生成病历和医学报告,通过口述或手写记录方式辅助医务人员生成结构化的电子病历,提高医务人员的工作效率。同时,大模型可以对病历内容的规范性和合理性进行检查,分析诊疗方案是否科学,给医生智能推荐诊断和治疗方案等。此外,大模型具有强大的 CV 能力和推理决策能力,可以用于改善医学影像质量、辅助医疗诊断决策、推演治疗方案等。大模型融合虚拟现实技术,可以在术前对患者手术方案进行多次模拟,进而提高手术的成功率。

(三) 诊后应用

大模型可以从病历中抽取患者群体的医疗信息和医疗指标,为其提供量身打造的健康管理方案,并进行健康跟踪和风险预测。诊后医疗大模型通过分析来自可穿戴设备或家庭监测系统的实时数据,可以对患者任何异常或病情恶化迹象进行检测,从而及时干预和调整治疗计划。

第五节　大模型技术发展面临的问题与挑战

尽管大模型技术对人工智能应用起到了重大推进作用,但它依然存在一系列关键问题。

一是大模型的可信性问题。目前,大模型的主要应用侧重于人工智能内容生成领域,其生成的内容虽然符合语言规范,流畅性和逻辑性都很好,但内容的真实性经常存在问题,现有大模型技术尚不具备对所生成内容可信性的评估能力。针对大模型的可信性问题,目前已有一些探索性的工作,如通过一些正向推理或者反向验证方法实现自我验证,通过正向推理生成候选的内容,再通过反向验证来进一步验证生成内容是否满足条件。通过正向推理和反向验证的方法不断进行自我评估,是对大模型生成内容可信性的重要探索。

二是大模型的可解释性问题。大模型本质上还是深度学习的进一步延伸,它的很多能力和机理依然缺乏有效解释。针对大模型的可解释性,业界也有一些工作试图通过一些探针、对抗攻击、模型可视化等技术来解释大模型的工作过程。此外,大模型正在与显性的知识进行融合,通过对大模型的训练数据进行更多的标注处理,或在大模型预训练或微调阶段引入知识图谱,或在大模型文本生成阶段与知识图谱推理进行结合,均可以提升大模型知识的准确性,并使大模型具有更强的可解释推理能力。

三是大模型在更为复杂场景下的鲁棒性和泛化能力问题。大模型并不能适用所有场景,本质上它还是依赖训练数据所能覆盖的场景。如当覆盖的场景是一个复杂的小场景时,在场景规模数据不大的情况下,不得不对它进行微调。但是,通过将不同细分领域划分成不同类别进行数据有效的筛选、标注,以及相应的微调技术,就能使得大模型具有较好的在不同小场景、场景较复杂情况下适用的能力,提升它的可靠性。

四是大模型资源要求高的难题。大模型始于大数据、大算力,对资源要求很高,训练和部署成本很高。以 GPT-3 为例说明,它需要数千 GB 的显存开销,一次训练需要数百万美元。因此,低功耗和高性能的人工智能模型构建以及新型的人工智能计算芯片的研制,已迫在眉睫。

此外,大模型会带来一系列社会问题。如大模型生成的内容存在一定的伦理、法律、社会安全、价值观等方面的隐患,需要进行针对性政策方面的探索。

为了应对大规模技术的挑战,首先,业界在抓紧推动大模型技术研发的同时,要进行交叉原始创新,构建新质人工智能技术。在认识到大模型带来重要机遇的同时，也要充分认识到大模型依然存在一系列关键技术挑战，应着力推动人工智能与脑科学、认知科学的交叉创新研究，力争从人工智能的"可解释性""高可靠性"和"低功耗性"等方面找到重要突破。

其次，应加强人工智能安全技术和伦理治理机制建设。大模型的快速发展，迫切要求加大力度进行人工智能安全检测与防御技术的研发及部署，包括加强针对大模型的数据隐私窃取和保护的技术研发与制度建设。加强对大模型生成内容的技术审核与规范构建，建立人工智能生成内容的知识产权保护机制，并进一步强化科技伦理教育，建构用户使用规范。

第四章

量子信息技术与应用

量子（quantum）信息技术是挑战人类调控微观世界能力极限的世纪系统工程，是对传统技术体系产生冲击并进行重构的重大颠覆性创新，它将引领新一轮科技革命和产业变革方向。量子信息技术的发展与应用已成为大国间开展科技、经济等领域综合国力竞争，维护国家技术主权与发展主动权的战略制高点之一。

截至 2023 年 10 月，共有 29 个国家（地区）制定和推出了量子信息领域的发展战略规划或法案文件。据公开信息不完全统计，投资总额已超过 280 亿美元。以 2018 年欧盟"量子旗舰计划"和美国《国家量子倡议》（NQI）法案为重要标志，近几年来各国在量子信息领域的规划布局持续加速。2023 年，有 6 个国家相继发布了量子信息相关的国家战略和投资规划，计划投资总规模达 67 亿美元。

总体而言，以量子通信、量子计算和量子测量为代表的量子信息技术是未来科技创新发展的重要突破口和催化剂，也是信息技术演进和产业升级的竞争焦点之一。未来，在国家科技竞争、新兴产业培育、国防和经济建设等诸多领域，量子信息技术研究和应用将产生基础共性乃至颠覆性的重大影响。

第一节　量子信息技术的概念与内涵

一、什么是量子

研究量子信息技术，首先要了解什么是量子。量子是现代物理学中的一个重要概念，它是指一个物理量如果存在离散变化的最小不可分割的基本单元，那么这个物理量就是可以被量子化的。物理学中把这个最小的基本单元称为量子。

关于"离散变化"的含义，举例说明：当我们统计人数时，可以有一个人、两个人，但不可能有半个人、1/×个人。我们上台阶时，只能上一个台阶、两个台阶，而不能上半个台阶、1/×个台阶。这些就是"离散变化"。对于统计人数来说，一个人就是一个量子。对于上台阶来说，一个台阶就是一个量子。如果某个东西只能离散变化，我们就说它是"量子化"的。

量子一词最早来自拉丁语中的 quantus，寓意为"有多少"，代表"相当数量的某物质"。最早它是由德国物理学家 M. 普朗克（M. Planck）在 1900 年提出的。M. 普朗克假设黑体辐射中的辐射能量是不连续的，只能取能量基本单位的整数倍，从而很好地解释了黑体辐射的实验现象。后来的研究表明，不但能量表现出这种不连续的量子化性质，其他物理量诸如角动量、自旋、电荷等也都表现出这种不连续的量子化现象。量子实质上也是一个态，所谓"态"在物理上不是一个具体的物理量，也不是一个单位，更不是一个实体，而是可以观测记录的一组记录，并且这组记录可以运算。这同以牛顿力学为代表的经典物理有根本的区别，也就是说量子跟原子、电子不能比较大小，它们不是同一范畴的概念。举例说，"1"是一个数字，"2 个苹果"是一个实物，如果问"1"和"2 个苹果"哪个更大，这个问题根本无法回答。

自从 M. 普朗克提出量子这一概念以来，经爱因斯坦等人的完善，在 20 世纪的前半期，初步建立了完整的量子力学理论。绝大多数物理学家将量子力学视为理解和描述自然的基本理论。如果说量子是构成物质的基本单元，是不可分割的微观粒子（譬如光子和电子等）的统称，那么量子力学研究和描述微观世界基本粒子的结构、性质及其相互作用。量子力学与相对论一起构成了现代物理学的两大理论基础，为人类认识和改造自然提供了全新的视角和工具。

二、什么是量子力学？

量子化现象主要表现在微观物理世界，描写微观物理世界的物理理论便是量子力学。量子力学和相对论是 20 世纪的两大科学革命,对人类的世界观产生了强烈的震撼。但论公众中的知名度,量子力学似乎比相对论低得多。原因可能在于,相对论主要是由爱因斯坦(Einstein)一个人创立的,孤胆英雄的形象易于记忆和传播,而量子力学的主要贡献者有好几位,没有一个独一无二的代言人。爱因斯坦和相对论称得上妇孺皆知,而听说过量子力学中的"薛定谔的猫""海森堡测不准原理"这些概念的人,已经算是科学发烧友了。

描述微观世界之所以必须用量子力学,只因宏观物质的性质是由其微观结构决定的。因此,研究原子、分子、激光这些微观对象时必须用量子力学,且研究宏观物质的导电性、导热性、硬度、晶体结构、相变等性质时也必须用量子力学。当前许多最基本的问题是量子力学出现后才能回答的。例如,为什么原子能保持稳定,氢原子中的电子不落到原子核上?这是因为氢原子中电子的能量是量子化的,最低只能取 $-13.6eV$,如果落到原子核上就变成负无穷,低于这个值。

现代社会硕果累累的技术成就,几乎全都与量子力学有关。你打开一个电器,导电性是由量子力学解释的,电源、芯片、存储器、显示器的工作原理是基于量子力学的。走进一个房间,钢铁、水泥、玻璃、塑料、纤维、橡胶的性质是由量子力学决定的。登上飞机、轮船、汽车,燃料的燃烧过程是由量子力学决定的。研制新的化学工艺、新材料、新药,都离不开量子力学。

三、量子信息技术的概念原理

20 世纪中叶,随着量子力学的蓬勃发展,人类开始认识和探索微观物质世界的物理规律并加以应用,以现代光学、电子学和凝聚态物理为代表的量子科技革命的第一次浪潮兴起。其间诞生了激光器、半导体和原子能等具有划时代意义的重大科技突破,为现代信息社会的形成和发展奠定了基础。受限于对微观物理系统的观测与操控能力不足,这一阶段的主要技术特征是认识和利用微观物理学规律,例如能级跃迁、受激辐射和链式反应,但对于物理介质的观测和操控仍然停留在宏观层面,例如电流、电压和光强。

进入21世纪,随着激光原子冷却、单光子探测和单量子系统操控等微观调控技术的突破与发展,以精确观测和调控微观粒子系统,利用以量子叠加态和量子纠缠态等独特量子力学特性为主要技术特征的量子科技革命的第二次浪潮即将来临。量子科技的革命性发展,将较大地改变和提升人类获取、传输和处理信息的方式与能力,为未来信息社会的演进和发展提供强劲动力。量子科技与通信、计算和传感测量等信息学科相融合,形成了全新的量子信息技术领域。量子信息技术通过对光子、电子和冷原子等微观粒子系统及其量子态进行精确的人工调控和观测,借助量子叠加和量子纠缠等独特物理现象,以经典理论无法实现的方式获取、传输和处理信息。量子信息主要包括量子通信、量子计算和量子测量三大技术领域。

目前,以量子通信、量子计算和量子测量为代表的量子信息技术是量子科技的重要组成部分,也是培育未来产业、构建新质生产力、推动高质量发展的重要方向之一。经过四十余年的发展,量子信息领域逐步从基础研究走向基础与应用研究并重,开始进入科技攻关、工程研发、应用探索和产业培育一体化推进的发展阶段。

量子通信利用微观粒子系统(目前主要是光子的量子叠加态或量子纠缠效应等)进行信息或密钥传输,能够基于量子力学原理保证信息或密钥传输安全性,主要分为量子隐形传态和量子密钥分发(QKD)两类。量子通信和量子信息网络的研究与发展,将对现有通信网络和信息安全等领域带来重大变革和影响,成为未来信息通信行业的科技竞争和技术演进的关注焦点之一。

总体来看,量子通信利用量子叠加态或量子纠缠态,在经典通信辅助下实现密钥分发或信息传输,理论层面具有可证明安全性。基于量子密钥分发和量子安全直接通信(QSDC)等方案的量子保密通信初步实用化,新型协议和实验系统的研究持续活跃,样机产品研制和示范应用探索逐步开展,但应用与产业发展仍面临诸多挑战。基于量子隐形传态和量子存储中继等技术构建量子信息网络是未来重要的发展方向。

量子计算以量子比特为基本单元，通过量子态的受控演化实现数据的存储计算，具有经典计算无法比拟的巨大信息携带能力和超强的并行处理能力。量子计算技术所带来的算力飞跃，有可能成为未来科技加速演进的"催化剂"，一旦取得突破，将对基础科研、新型材料与医药研发、信息安全与人工智能等领域产生颠覆性影响，其发展与应用对国家科技发展和产业转型升级具有重要促进作用。当前，量子计算存在超导量子线路、离子阱、光量子、超冷原子、硅基量子点、金刚石色心和拓扑七大技术路线并行发展，处于中等规模含噪声量子处理器阶段。量子计算应用场景探索广泛开展，但尚未实现"杀手级"应用突破。大规模可容错通用量子计算仍需长期艰苦努力，业界尚无实现时间预期。

量子测量基于微观粒子系统及其量子态的精密测量，完成被测系统物理量的执行变换和信息输出，在测量精度、灵敏度和稳定性等方面比传统测量技术有明显优势。量子测量对外界物理量变化导致的微观系统量子态变化进行调控和观测，实现精密传感测量，测量精度、灵敏度和稳定性等核心指标比传统技术有数量级提升。主要技术方向包括用于新一代定位/导航/授时的光学原子钟、光学时频传输、原子陀螺仪与重力仪等，以及用于高灵敏度检测与目标识别的光量子雷达、磁场精密测量、物质痕量检测等。主要应用场景涵盖国防军工、航空航天、地质/资源勘测和生物医疗等众多行业领域，多种样机产品进入实用化与产业化阶段。

总体来看，量子信息技术基于量子叠加态和量子纠缠态等独特物理现象，通过对微观粒子量子态进行精确的人工调控，以经典理论无法实现的方式获取、传输和处理信息。量子信息主要分为量子通信、量子计算和量子测量三大技术领域。量子通信是利用微观粒子的量子态或量子纠缠态等进行密钥或信息传递的新型通信技术，与现有通信技术相比，量子通信能够基于量子力学原理，为信息传输提供绝对安全性保证。量子计算以微观粒子构成的量子比特为基本单元，通过量子态的受控演化实现信息编码和计算存储，具有传统计算技术无法比拟的巨大信息携带量和超强的并行计算处理能力。量子测量基于对微观粒子量子态的精确测量,对被测系统的电磁场、温度、压力和惯性等多种物理量执行变换并进行信息输出,在测量精度、灵敏度和稳定性等方面与传统传感技术相比具有明显优势。

第二节 全球量子信息技术发展情况

量子信息技术被认为是未来信息科学的重要发展方向。目前,全球各主要国家都非常重视量子信息技术的研究和发展,认为这是提升国家竞争力和保障国家安全的战略性领域。

一、美国量子信息发展情况

(一)总体现状

美国总体在量子信息领域表现出强烈的竞争意识,目前美国已经取得了量子科技领域的全球领先优势。

在量子通信领域,全球前沿科技咨询机构 ICV(International Cutting-edge-tech Visio)TAnK 预测,到 2025 年美国量子通信产业规模全球占比 22%,处于全球第一行列。

在量子计算领域,与其他国家相比,美国至少要领先三五年。ICV 指出,2022 年美国在量子计算领域的产业规模全球占比约为 32%,预计到 2030 年美国依然将保持在 32% 的稳定水平,并将持续领跑全球。

在量子测量领域,美国在原子钟、量子陀螺仪、量子磁力计和量子重力仪等方面都保持着世界领先水平。目前,美国将量子技术重点应用于国防军事、人工智能、通信传输、生物医药等领域。

(二)在政策层面

总体来看,美国通过立法政策实施和建立国家层面的量子组织架构两个层面，完成了量子信息在研发投入规划、基础研究与设施搭建、产业生态系统建立、量子国际合作、人才队伍建设等多方面的布局。

在政策层面，美国早在 2002 年就将量子信息通过立法纳入国家战略。此后，美国行政部门和立法部门都采取了制定量子信息科技政策的重要行动。

（1）2016 年，美国国家科学技术委员会（NSTC）发布关于量子信息的第一份报告《推进量子信息科学：国家挑战和机遇》，阐述了指导"全政府的量子信息科学方法"的三项原则。

（2）2018 年，NSTC 发布第二份报告《量子信息科学国家战略概述》，该报告确定了联邦政府关于量子投资的 6 个政策机遇和优先事项。

（3）2018 年，总统特朗普（Trump）签署《国家量子倡议法案》（NQIA），旨在加速美国的量子科技发展。该法案为量子研发创建了一个框架，并授权在 5 年内（2019—2023 财年）提供高于 12 亿美元的资金用于量子研发项目。

（4）2022 年，总统拜登（Biden）签署《芯片和科学法案》（CHIPS），对《国家量子倡议法案》进行了修订，授权量子网络基础设施的研发、量子网络和通信标准的制定，并建立能源部（DOE），以提高美国量子计算资源的竞争力。在该法案中，量子信息科学（QIS）包含以下五种技术：一是量子传感和计量学，指利用量子力学增强传感器和测量科学。二是量子计算，指利用量子力学以比经典计算机成倍的速度执行开发计算机。三是量子通信网络，指利用量子力学原理来确保传输信息的机密性和完整性的安全通信协议的开发。四是促进基础科学的量子信息服务，指利用量子设备和量子信息服务理论来扩展其他学科的基础知识，例如提高对生物学、化学和能源科学的理解。五是量子技术，包括使用量子技术创建实际应用，为电子、光子学和低温技术创建必要的基础设施和制造技术，将与量子技术相关的风险降至最低。例如，开发后量子加密技术，以保护敏感信息。

（5）2023 年 11 月，美国众议院科学、空间和技术委员会通过了《国家量子计划重新授权法案》，这项法案不仅将支持期限延长至 2028 财年，还将重点放在量子技术在现代场景中的应用上，标志着美国对这一可能定义未来技术格局的科学领域的承诺正在加深。同年 12 月，美国发布《国家量子计划（NQI）总统 2024 财年预算补编》，此次公布的年度（2024 财年）量子信息科学预算为 9.68 亿美元。在 NQI 先前的 5 个财年报告中，预算金额分别为 4.49 亿美元、6.72 亿美元、8.55 亿美元、10.31 亿美元和 9.32 亿美元。从该财政预算可看出，2024 财年将是美国国家量子计划的关键一年。

在机构方面，美国已经建立了国家层面的统筹协调机构架构，全面负责并执行对量子信息技术的布局规划。国家量子信息科技协调机构包括白宫国家量子协调办公室（The White House National Quantum Coordination Office，NQCO）和国家科学技术委员会（NSTC）量子信息科学分委会（Subcommittee on Quantum Information Science，SCQIS）等，主要负责协调联邦政府内外部的量子信息科学相关事务，制定国家量子战略和政策。目前，美国国家量子信息科技协调机构已授权能源部、国家科学基金会（NSF）和国家标准技术研究院（NIST）作为美国量子信息科技研发支持机构，主要负责量子信息科学的基础研究、应用研究和人才培养，以及建立量子信息科学中心、量子飞跃挑战研究所等科研机构。

（三）在技术层面

美国高度关注量子信息技术领域的基础研究，以期扩大该国在全球量子竞争中的优势地位。美国致力于突破量子信息技术在信息安全、运算速度、测量精度等方面的技术瓶颈，为各行各业提供新的发展机遇，进而创造更高的经济价值和社会效益。

在量子计算方面，美国已经把量子计算作为量子技术发展的重点和核心，致力于打造世界上最强大的量子计算机和量子算法。目前，美国以量子计算为突破口，打造了全球领先的技术研究与应用生态，实力处于全球领导者地位，尤其是超导、离子阱等技术路线发展迅速。比如，早在 2019

年，谷歌就创造出有 72 个超导量子比特的量子计算机 Bristlecone 芯片，实现了"量子霸权"。2023 年，美国在全球首次通过增加量子比特来降低计算错误率，实现了量子纠错重大突破，走在世界前沿。

在量子测量方面，美国在量子惯性导航、量子磁场测量、量子重力测量、量子目标识别等领域都保持着世界领先水平，具有高灵敏度和高精度的测量能力。

在量子通信方面，虽然研发投入比量子计算低，但在量子密码等技术方面仍有长期的研究和投资，目前已建立多个城域量子通信网络，如雷神公司与波士顿大学合作的网络、洛斯阿拉莫斯国家实验室网络等。此外，美国还非常关注后量子密码技术，以保护其产品生态系统的安全。

在技术攻关生态协同方面，美国实施政府引导、企业与科研院所支撑，构建双赢的产业生态环境的路线政策。

总体来看，美国在量子领域的各个利益相关者之间形成了良好的合作和竞争的关系。一方面，政府、企业和科研院所之间通过共享资源、交流信息、协调行动等方式实现了协同创新。另一方面，各个企业之间通过竞争和合作，推动了量子技术的进步和市场化。比如，美国在 2018 年成立的量子经济发展联盟（QED-C），是目前国际上规模最大的量子产业联盟，其成员包括政府机构、企事业单位、学术机构、政府资助的研发中心等。其中，美国企业在量子产业的技术研发、风险投资等方面均发挥了重要作用，在 QED-C 中企业成员占比高达 67% 以上。目前，美国超过 180 家企业布局了量子信息技术。此外，政府、高校和科研院所也在量子产业中占有重要地位。从财政投入来看，美国政府对量子信息技术的研发投入年度增长率超过 25%。

二、欧洲量子信息总体情况

（一）总体现状

总体来看，在量子信息领域，尤其是在量子计算和量子通信领域，欧盟和美国一样，处于世界领先水平，在产业规模、学术研究、人才培养方面表现优异。

在产业规模方面，根据 ICV TAnK 报告，整个欧洲 2022 年量子计算领域规模占比全球第一，约为 36%。预计到 2030 年，欧洲依然可以保持全球领先，规模占比将达到 37%。此外，ICV TAnK 预测欧洲量子通信领域规模在 2025 年全球产业规模占比将达到 23%，可能仅次于中国。

在学术研究方面，自 2010 年以来，欧洲共发表量子计算相关论文 2400 多篇，论文数量占世界第一。

在人才培养方面，2020 年，全球有约 35 万的量子科学相关领域毕业生，以欧盟人数居多，达到了 13.5 万。因此，量子科技岗位的人才缺口较小。

（二）在政策层面

欧盟早在 20 世纪 90 年代就开始布局量子信息技术，推动区域合作，并将其中的量子通信细分领域看作引领下一代技术革命的关键领域。

2016 年，欧盟发布《量子宣言》。2018 年，欧盟启动"量子技术旗舰计划"，旨在促进欧洲量子信息产业发展，加强量子信息研究成果的商业应用，巩固和扩大欧洲在量子信息科技领域的领导地位，提高欧洲在量子科研创新和产业发展上的竞争力。

2020 年和 2022 年，欧盟相继发布《战略研究议程》（SRA）、《战略研究和产业议程》（SRIA），提出欧盟量子技术路线图。这两部战略性政策文件，为欧洲量子技术研究和产业发展指明了方向。

2021 年，27 个欧盟成员国签订了《欧盟量子通信基础设施计划》，承诺共同建设覆盖整个欧盟的安全量子通信基础设施。

2023 年，欧盟 11 个国家签署《欧洲量子技术宣言》，旨在协调欧盟和国家、地区层面的量子研发计划和基础设施建设，使欧洲成为全球领先的量子创新中心。同年，欧盟量子产业联盟（QuIC）与加拿大量子工业部（QIC）、美国量子经济发展联盟（QED-C）、日本量子科技革命战略产业联盟（Q-STAR）成立国际量子产业协会理事会（ICQIA），旨在加强在量子技术发展目标和方法方面的沟通与协作。

综合来看，欧盟自 2018 年启动"量子技术旗舰计划"后，多次出台相关计划及宣言，推动量子信息科技领域的政府间战略合作；一方面，促进欧盟成员国之间的紧密合作；另一方面，拓展与美、日、韩等国的国际合作，合作涉及领域广泛，包括共同制定发展规划、共同投入资金开展量子项目、合作培育量子人才、建立全球市场和供应链等方面。

（三）在技术层面

2022 年 11 月，欧洲量子旗舰计划组织发布了初步的《战略研究和产业议程》（SRIA），提出了欧盟 2030 年量子技术路线图。

1. 量子通信

未来几年，量子通信的具体目标如下：

2023—2026 年目标：

- 提高 QKD 解决方案的性能、密钥率和范围；
- 光子集成电路，具有用于量子通信的高效且成本有效的实验装置；
- 空间 QKD 原型有效载荷的部署；
- 至少有两个工业化的 QKD 系统在欧洲制造，主要基于欧洲供应链；
- 部署几个 QKD 城域网；
- 部署具有可信节点的大规模 QKD 网络；
- 运行和增强测量设备无关 QKD，如双场 QKD，里程为 500 千米或以上，没有中继器或可信节点；
- QKD 的进展：测试、认证、证明和可用性条件（如实验室）以确保在光学层面上对侧信道攻击的鲁棒性；
- 开发联合 QKD 和 PQC 的解决方案；
- 几家可持续商业模式销售 QKD 服务的电信公司；
- 展示量子信道在其他密码应用中的用途，如私人数据挖掘、安全多方计算、长期安全存储、不可伪造密码系统；

- 将可靠、小型、廉价的量子随机数发生器集成到经典和量子通信系统中；
- 实验室外的大规模通信和纠缠分发系统，包括网络管理软件；
- 量子存储器、处理节点等量子互联网子系统的开发；
- 电信波长和完全独立节点上的功能基本量子中继器链路的演示；
- 为量子互联网设计新的应用协议、试点用例、软件和网络堆栈；
- QKD 与传统通信解决方案共存，包括多路复用，允许一个光信道用于多种服务（量子和经典）。

2027—2030 年目标：

- QKD 系统的低成本开发、维护和功耗；
- 由于市场需求增加，QKD 解决方案的规模扩大；
- 用于密钥分发的小型可插拔（SFP）QKD 发射器/接收器；
- 对于独立的发射器和接收器（没有物理安全性），QKD 系统对侧信道攻击具有鲁棒性，包括功耗和热噪声；
- 将测量设备无关 QKD 作为工业产品远距离部署；
- 部署连接欧洲主要城市网络的 QKD 网络"骨干"；
- 由至少一个国家安全机构认证量子安全的安全性，包括可能与 PQC 结合的 QKD；
- 通用插件的 SFP 服务和软件的认证；
- 成熟的量子通信基础设施，供组织和公民普遍使用；
- 天基量子通信基础设施；
- 支持基本量子互联网应用的多节点量子网络；
- 在网络中静态和传输态的量子比特之间部署可靠的接口；
- 扩展通信距离的可靠工业级量子存储器和量子中继器演示；
- 使用量子中继器的长距离光纤骨干能够连接数百千米以外的城域网；
- 通过量子中继器的量子网络将高级量子网络应用集成到经典网络基础设施（即编排平台）中。

2. 量子计算

2023—2026 年目标：

- 演示未来容错通用量子计算机的实用策略；
- 确定量子计算具有优势的算法和用例；
- 使用错误缓解方法增强 NISQ 处理机制，实现更深入的算法；
- 与芯片代工厂和其他硬件供应商（公共或工业）以及软件行业、现有公司和初创企业接洽；
- 在量子器件物理、量子比特和门控制、利用最优控制理论实现更快更强门、光子学、射频电子学、低温和超导电子学、系统工程、集成、器件封装等方面做出学术和工业研究贡献；
- 开发基于 NISQ 的系统、量子应用和算法理论、软件架构、编译器和库以及仿真工具的跨硬件基准测试；
- 在量子计算方面协调工业、代工厂和其他基础设施实体；
- 促进欧盟范围内与其他领域的联合行动，如材料科学、理论物理、低温物理、电气工程、数学、计算机科学和高性能计算；
- 针对标准机构（欧盟、国际）。

2027—2030 年目标

- 演示配备量子纠错和鲁棒量子比特的量子处理器，该处理器具有一组通用门，性能优于经典计算机；
- 演示具有量子优势的量子算法；
- 建立能够制造所需技术的代工厂，包括集成光子学、低温和超导电子技术；
- 支持已成立和新成立的仪器制造商及软件公司；
- 协调材料、量子器件物理、量子比特和门控制、量子存储器、光子学、射频低温和超导体电子、系统工程和器件封装方面的研究、开发和集成；
- 扩展的量子算法套件，用于软件和硬件不可知的基准测试，包括数字纠错系统，以及优化编译器和库；

- 演示自动系统控制和调整；
- 开发集成光学、低温和超导体电子（包括相干光电转换器）的集成工具链（设计到加工）和模块库；
- 与其他领域协调欧盟范围内的联合行动，如材料科学、理论和低温物理、电气工程、数学、计算机科学，以及越来越多的在潜在应用领域和行业（小型、中型和大型实体）工作的科学家；
- 针对标准机构（欧盟、国际）；
- 整合工业（中小企业和大型公司）和代工厂；
- 与欧盟基础设施、大型实验室和项目、研究与技术组织（RTO）接触。

3. 量子测量

2023—2026 年目标：

- 由公司支持的关键使能技术和材料的发展，从分拆公司到大型公司，以及建立可靠、高效的供应链，包括首次标准化和校准工作；
- 芯片集成光子学、电子学和原子学、小型化激光器、阱、真空系统、调制器和变频器的开发；
- 使用纳米制造、功能化和表面化学修饰的材料工程，例如用于生物传感及超纯材料（如金刚石、SiC）、掺杂纳米颗粒与色心的合成；
- 建立新传感器技术的标准化、校准和可追溯性；
- 应用范围扩大的紧凑型电量子标准的原型；
- 便携式光学钟的原型及其远距离比较，以及在统计和系统不确定性方面超过现有（经典）设备的原子重力仪和陀螺仪；
- 基于人造原子（如色心、量子点）或量子光机械和电子系统的便携式电场、磁场、射频场、温度及压力传感器原型；
- 量子增强、超分辨率和/或亚散粒噪声显微镜、光谱和干涉测量以及量子激光雷达及雷达的桌面原型；
- 工程量子态（如纠缠态）在现实世界应用中的实际用途的实验室演示，由现实世界噪声情景的理论建模和抗噪声量子态与算法的识别支持，例如通过采用机器学习算法、贝叶斯推理和量子纠错进行传感。

2027—2030 年目标：

- 使能技术和材料工程不断发展，以提高技术就绪水平并向市场推广量子传感器；
- 在仪器中集成用于自校准的量子测量标准；
- 在代工厂建立关键技术的定制流程，为更多的研究人员和公司提供创新机会；
- 基于用于生物医学的功能化材料或用于感应电场和磁场的集成原子芯片，制造光学和电子集成芯片实验室平台；
- 量子增强测量和成像设备、纠缠时钟、惯性传感器和量子光机传感设备的实验室原型；
- 商业产品，如改进磁共振成像的磁力计、量子增强型超分辨率和/或亚散粒噪声显微镜、高性能光学时钟和原子干涉仪、量子雷达和激光雷达；
- 开发量子传感器网络以及星载量子增强型传感器，包括光学时钟、原子和光学惯性传感器。

三、中国量子信息发展现状

(一) 总体现状

我国高度重视和支持量子信息技术的发展，量子通信、量子计算、量子测量三大细分领域的发展呈整体向好趋势，位列世界第一梯队，整体水平与美国、欧盟相差不大，且部分领域已领先于欧美，已经全面进入深化发展、快速突破的重要阶段。就发展而言，三大细分领域整体水平如下：

(1) 在量子通信领域，我国技术发展水平属于全球一流水平。具体表现为我国量子保密通信试点应用项目的数量和网络建设的规模等都处于世界领先水平。

(2) 在量子计算领域，我国以中国科学技术大学为代表的科研团队正在不断追赶。2023年，中国科学技术大学潘建伟、陆朝阳等组成的研究团队与中国科学院上海微系统与信息技术研究所、国家并行计算机工程技术研究中心合作，成功构建255个光子的量子计算原型机"九章三号"，再度刷新光量子信息技术世界纪录，求解高斯玻色取样数学问题比目前全球最快的超级计算机快一亿亿倍，在研制量子计算机的进程中取得了关键突破性的成绩。从前沿理论研究角度看，我国与欧美国家的差距不断缩小。从产业化发展角度看，量子计算属于巨型系统工程，涉及很多跨行业领域的产业基础和工程实现环节，目前我国在高品质材料、工艺结构、制冷设备和测控系统等量子计算相关领域仍落后于欧美等发达国家。但从全球发展来看，由于量子计算仍处于发展初期，虽然我国在产业化上相对落后，但与欧美国家相比并没有明显代差。

（3）在量子测量领域，当前全球纪录大多被欧美国家保持。我国在量子测量的五大细分领域，大多在跟进或者紧追。本书以与美国对比进行解释说明，如在量子惯性导航方面，美国在小型化、工程化方面已经是全球的"领头羊"，我国部分成果虽然也可以达到国际先进水平，但在小型化、工程化等方面，依然与美国有较大差距；在量子重力测量方面，美国是创造重力探测灵敏度世界纪录的国家，我国的重力探测灵敏度水平，距美国发展水平还有一定差距；在量子目标识别方面，美国已研发出了样机，我国还没有实质性进展；在量子时间基准方面，我国与美国的差距正在逐步缩小；在量子磁场测量方面，美国领跑全球，我国正在跟进。

（二）在政策层面

以量子计算、量子通信和量子测量为代表的量子信息技术已成为未来国家科技发展的重要领域之一，三大技术的应用领域广泛。这一领域的发展始终得到国家的高度重视和大力支持。

从国家层面看，《中华人民共和国国民经济和社会发展第十四个五年规划和2035年远景目标纲要》（简称"十四五"规划）提出，在量子信息等前沿科技和产业变革领域，组织实施未来产业孵化与加速计划，谋划布局一批未来产业。此外，习近平总书记提出，要整合科技创新资源，引领发展战略性新兴产业和积极培育未来产业，加快形成新质生产力，以高质量发展推动中国式现代化。同时，工信部高度重视量子科技发展，推动量子科技等前沿领域研究，鼓励各地方先行先试，加快布局未来产业。

从地方层面看，近年来，多地陆续发布了科技和信息产业规划，部署支持量子信息领域发展。例如，2023年，北京市发布《北京市促进未来产业创新发展实施方案》，提出部署量子物态科学、量子通信、量子计算、量子网络、量子传感等方向的核心技术攻关、行业应用拓展、产业生态和用户群体培育等工作；《合肥市政府工作报告》提出，合肥国家实验室入轨运行，量子信息未来产业科技园入列首批国家试点，后续将进一步加快建设量子信息未来产业科技园，打造"世界量子中心"；湖北省设立20亿元量子科技产业投资基金，发布《湖北省加快发展量子科技产业三年行动方案（2023—2025年）》，提出打造全国量子科技产业高地。

（三）在技术层面

经过多年的努力，我国在量子信息关键核心技术方面，已经取得了重大突破。

1. 量子通信

2016年，我国成功发射全球首颗量子科学实验卫星"墨子号"。2017年，建成世界首条量子保密通信干线"京沪干线"。"墨子号"与"京沪干线"共同构成了全球首个星地量子通信网，经过两年多稳定性、安全性测试，实现了跨越4600千米的多用户量子密钥分发。截至2021年，整个网络覆盖我国四省三市32个节点，包括北京、济南、合肥和上海4个量子城域网，通过2个卫星地面站与"墨子号"相连，目前已接入金融、电力、政务等行业的用户。

2. 量子计算

世界首台光量子计算原型机是中国研制的。2020年12月，中国科学技术大学宣布该校潘建伟等人成功构建76个光子的量子计算原型机"九章"，这一突破使我国成为全球第二个实现"量子计算优越性"的国家。在自主研制二维结构超导量子比特芯片的基础上，我国成功构建了国际上超导量子比特数目最多（包含62个比特）的可编程超导量子计算原型机"祖冲之号"，并在该系统上成功进行了二维可编程量子行走的演示。

2021年10月25日，中国科学技术大学研究团队在国际期刊《物理评论快报》上发表两篇实现"量子计算优越性"的论文。其中一篇是关于由潘建伟、朱晓波团队构建的超导量子计算机祖冲之2.0。祖冲之2.0进行的是谷歌"悬铃木"的同类实验——随机电路采样，采样任务的经典模拟复杂度比谷歌"悬铃木"高2到3个数量级。另一篇是关于由潘建伟、陆朝阳团队构建的光量子计算机"九章2.0"，研究人员发展了对规模化的量子光源进行受激放大的技术，在144×144模式的高斯玻色采样实验中探测到了至多113个光子同时符合的事件。至此，我国成为世界上唯一一个在两条技术路线上实现"量子计算优越性"的国家。

目前，我国在量子计算领域已完成了光量子、超导、超冷原子、离子阱、硅基、金刚石色心、拓扑等所有重要的量子计算体系的研究布局，使得我国成为包括美国、欧盟在内的三个具有完整布局的国家（组织）之一。

3. 量子测量

我国在国际上首次实现了量子测量领域的亚纳米分辨的单分子光学拉曼成像，在室温大气条件下获得了全球首张单蛋白质分子的磁共振谱。实验中通过引入量子控制把非对易的量子信道调控为对易量子信道，在国际上首次实现对一般非对易信道参数测量达到海森堡精度极限。

第三节　量子信息核心技术体系

一、量子通信技术

量子通信是利用微观粒子系统，譬如光子的量子叠加态或量子纠缠效应等进行密钥或信息传递的新型通信方式。根据量子力学中的不确定性、测量坍缩和不可克隆三大原理，任何对量子通信系统的窃听都将导致所传输的密钥或信息发生状态改变并被通信双方感知，从理论上保证了所传递的密钥或信息的安全性。

量子通信主要分为量子隐形传态（quantum teleportation，QT）和量子密钥分发（quantum key distribution，QKD）两类。QT基于通信双方的光子纠缠对分发（信道建立）、贝尔态测量（信息调制）和幺正变换（信息解调）实现量子态信息直接传输。其中，量子态信息解调需要借助传统通信方式，获得调制测量的结果信息才能完成。QKD通过对单光子或光场正则分量的量子态制备、传输和测量，首先在收发双方间实现无法被窃听的安全密钥共享，之后再与传统保密通信技术相结合完成经典信息的加解密和安全传输。基于QKD的保密通信称为量子保密通信（quantum secure communication，QSC）。

（一）QT是前沿研究热点

20世纪上半叶，量子力学理论的创立和发展，以及量子叠加、量子纠缠和非定域性等概念的提出和讨论为量子通信奠定了理论基础。1982年，法国科学家首次实验观测到光子系统中的量子纠缠现象。1997年，奥地利维也纳大学完成首个室内自由空间QT实验。2012年，奥地利实现了跨越143千米的自由空间量子隐形传输。2015年，日本电报电话公司报道了102千米超低损光纤最远距离QT实验。自2005年起，我国中国科学技术大学、中国科学院和清华大学等单位在北京八达岭和青海湖等地，陆续开展了系列自由空间 QT 实验研究：2015 年完成首个自由空间单光子偏振态和轨道角动量双自由度 QT 实验；2016 年完成首次 30 千米城域光纤现网 QT 传输；2017 年基于墨子号量子科学实验卫星，实现迄今为止最远距离的 1400 千米星地 QT 传输。

现阶段各类 QT 实验报道仍局限于证明原理可行性和观测实验现象，基于 QT 的量子通信离实用化仍有一定距离。QT 中的纠缠光源目前通常采用激光器和非线性晶体组合制备，纠缠光子对生成属于基于测量验证的后验概率过程、生成效率和应用场景受限，高品质确定性纠缠光源的实用化前景仍不明朗。此外，纠缠光子对在分发传输过程中极易受到环境噪声和量子噪声的影响而产生消相干效应，量子纠缠特性难以保持。采用基于量子态存储和纠缠交换技术的量子中继，可以克服量子纠缠分发过程中的消相干问题，延长传输距离。但是，目前量子态存储的各种技术方案，如气态冷原子系综、稀土离子掺杂晶体和 QED 腔原子囚禁等，在存储时间、保真度、存储容量和效率等方面各有优缺点，尚无一种技术方案能够同时满足全部指标的实用化要求，量子存储和量子中继技术仍有待研究突破。

基于 QT 的量子通信和量子互联网仍将是未来量子信息技术领域的前沿研究热点。《美国国家量子计划法案》（NQI Act）将基于 QT 的安全通信，量子信息技术发展与应用关键问题研究以及通过量子互联网实现量子计算机的大规模互联与信息通信列为四大应用领域之一。欧洲"量子宣言"旗舰计划在首批项目中，成立量子因特网联盟（QIA），支持荷兰代尔夫特理工大学等研究机构进行量子通信终端和量子中继器研发，并支持建立基于量子比特传输的量子通信实验网。

（二）QKD 已进入实用化

1984 年，美国国际商业机器公司科学家提出了首个实用化量子密钥分发 BB84 协议，使 QKD 技术研究从理论探索走向现实应用。2005 年，中国科学家提出多强度诱骗态调制方案，解决了 QKD 弱相干脉冲光源的多光子安全漏洞，为 QKD 的实用化打开了大门。2003 年，世界各国广泛开展了 QKD 试点应用和实验网建设，产生了一批由科研机构转化的初创型企业。经过二十余年的发展，QKD 从理论协议到器件系统初步成熟，目前已进入产业化应用的初级阶段。

QKD 协议根据量子态信息编码方式的不同，可以分为针对单光子调制的离散变量（DV）协议和针对光场正则分量调制的连续变量（CV）协议。DV-QKD 包括 BB84 协议、差分相移（DPS）协议和相干单向（COW）协议等多种方案，其中又以 BB84 协议应用最为成熟，安全性证明更加完备，系统设备商用化水平较高。集成诱骗态调制的 BB84-QKD 设备根据单光子量子态调制解调方式的不同，还可以进一步细分为偏振调制型、相位调制型和时间相位调制型等种类。BB84 协议后处理流程主要包括对基筛选（sifting）、误码估计（eror estimation）、纠错核对（error correction）、结果校验（confirmation）和保密增强（privacy amplification）五个步骤。其中，误码估计和保密增强是保障 QKD 安全性的核心步骤，纠错核对、结果校验算法效率是限制 QKD 安全成码率的瓶颈之一。

DV-OKD 系统中的单光子探测器（SPD）是限制安全成码率的另一个主要瓶颈。目前商用 DV-QKD 系统主要采用雪崩二极管探测器（APD），探测效率较低（<20%）。新型超导纳米线探测器（SNSPD）光子探测效率很高（约为 90%），但要求接近绝对零度（-273℃）的工作环境，集成化和工程化存在困难。

由于协议算法处理和关键器件性能的限制，DV-QKD 系统的光纤传输距离和安全密钥速率有限，且二者相互制约，成为 QKD 网络建设与应用推广的主要障碍之一。实验室条件下，DV-QKD 超低损光纤单跨段最远传输距离的文献报道为 421.1 千米（对应 71.9dB 损耗），此时系统安全密钥成码率约为 0.25Mbit/s，其中使用了极低暗记数率（0.1Hz）的 SNSPD。最高密钥成码率的文献报道为 11.53Mbit/s，系统光纤传输距离为 10 千米，也就是 2dB 的损耗。

CV-QKD 中的高斯调制相干态（GG02）协议应用广泛，系统采用与经典光通信相同的相干激光器和平衡零差探测器，具有集成度与成本方面的优势，量子态信号检测效率可达80%，便于和现有光通信系统及网络进行融合部署。

其主要局限是协议后处理算法复杂度高，长距离高损耗信道下的密钥成码率较低，并且协议安全性证明仍有待进一步完善。目前，CV-QKD技术应用与产业发展相对DV-QKD滞后，但仍是有潜力的未来发展方向之一。

QKD系统的传输与成码能力有限，目前主要面向城域范围应用。在城域组网中，通常采用合分波器或光开关实现量子态光信道和间步光信道的波分复用或光通路切换（时分复用）。由于量子中继技术尚不成熟，目前QKD光纤系统长距离传输只能依靠密钥落地、逐跳中继的可信中继技术。可信中继节点的密钥存储管理和中继转发需要满足密码行业标准和管理规范的相关要求，并且站点通常需要满足信息安全等级保护的相关要求或具备相应的安全防护条件。

QKD系统和器件的非理想特性无法满足协议理论安全性证明的假设要求，QKD系统漏洞攻击和安全防护是科研领域的热点之一。虽然学术研究性质的漏洞攻击是否会对实际部署QKD系统的安全性产生现实影响还有待进一步验证，但QKD技术研究和设备研发仍有必要进行持续的安全性测试和升级改进。

QKD技术演进的发展方向主要包括增强系统性能，提升现实安全性和提高实用化水平三个方面。采用量子态信息高维编码（HD-QKD）和相位随机双光场（TF-QKD）等新型协议技术，能够增强QKD系统安全成码率和传输能力；新型测量设备无关（MDI-QKD）协议消除探测器相关安全漏洞，有效提升系统现实安全性水平；QKD系统与经典光通信系统的共纤传输和融合组网研究，以及基于光子集成技术的QKD器件芯片化研究和发展将进一步提高其实用化水平。

（三）星地量子通信成为研究发展方向之一

量子态光信号或光子纠缠对在光纤或自由空间中的传输距离仅为百千米量级，量子中继技术目前尚不成熟。由于具备信道损耗小、覆盖面广、生存性强等优点,卫星已成为大尺度环境下量子通信科学研究和广域组网的较理想平台。星地量子通信属于航天技术、空间光学与量子技术相结合的前沿领域,不仅需要解决卫星捕获跟踪对准(ATP)、信道实时补偿和星地定时同步等一系列工程技术难题,还需要克服气象条件影响、全天时运行和高可靠运维等挑战。

2016年8月,中国科学技术大学联合中国科学院和航天科技集团等多家单位,成功发射了全球首颗量子科学实验卫星"墨子号"。2017年,《科学》和《自然》杂志报道了我国的三项重要研究成果:首次实现1200千米距离星地纠缠光子分发测量;首次在低轨卫星和地面站间完成了1200千米1.1bit/s安全码率的QKD密钥传输;首次在星地之间1400千米上行链路完成单光子量子隐形传态。与欧、日、新、加等国(地区)报道的类似项目和实验相比,我国在星地量子通信领域的科学研究与工程化水平处于领先,体现出集中力量办大事的制度优势。

"墨子号"属于实验性质卫星,运行于近地轨道,采用850nm工作波长进行量子态信号传输,受日光背景噪声和轨道高度限制,只能在晴朗夜间的短时间窗口(数分钟/天)和地面站之间进行信号传输,近地轨道和静止轨道相结合的多星座联合组网,未来可以进一步探索星地量子通信和量子密钥分发广域组网及相关应用。

量子保密通信使用QKD提供的密钥并采用对称加密体制实现业务信息的加密传输,量子加密应用设备和传统保密通信设备在加密算法、校验算法、整体性能等方面基本一致,主要区别在于使用QKD密钥替换传统保密通信中双方通过协商得到的加密密钥。

二、量子计算技术

(一)量子计算带来算力飞跃

基础计算能力是信息化发展的核心。随着社会经济对信息处理需求的不断提高,以半导体大规模集成电路为基础的经典计算在性能提升方面面临瓶颈。量子计算是基于量子力学的新型计算方式，利用量子叠加和纠缠等物理特性，以微观粒子构成的量子比特为基本单元，通过量子态的受控演化实现数据的计算处理。随着量子比特数量的增加，量子计算算力将呈指数级规模拓展，理论上具有经典计算无法比拟的巨大信息携带量和超强的并行处理能力，以及攻克经典计算无解难题的巨大潜力。

（二）量子计算整体处于技术攻关验证阶段

量子计算基础理论创立于 20 世纪 80 年代，近年来包含处理器、编码和软件算法等关键技术，但仍面临量子比特数量少、相干时间短、出错率高等诸多挑战，目前处于技术攻关和原理样机研制验证的早期发展阶段，超越经典计算的性能优势尚未得到充分证明。

量子处理器有超导、离子阱、硅半导体、中性原子、光量子、金刚石色心和拓扑等多种技术路线，现阶段超导和离子阱路线相对领先，但尚无任何一种路线能够完全满足实用化要求并趋向技术收敛。量子系统非常脆弱，极易受材料杂质、环境温度等外界因素影响而引发退相干效应，使计算准确性受到影响，甚至计算能力遭到破坏。量子编码是解决量子退相干难题并将多个脆弱的"物理比特"构造成能够纠错和容错的"逻辑比特"的关键使能技术。现有编码方式阈值高、效率低，全球尚未突破第一个"逻辑比特"。算法和软件是硬件处理器充分发挥计算能力和解决实际问题的神经中枢。量子计算相比于经典计算的加速能力与量子算法息息相关。例如，舒尔算法（Shor 算法）和格罗弗算法（Grover 算法）在密码破译和数据搜索问题上可分别实现指数级和平方根级加速。然而量子算法的开发需紧密结合量子叠加、纠缠等物理特性，不能直接移植经典算法，数量有限，导致量子计算只能在部分问题，尤其是经典计算难以解决的复杂问题上有潜在优势，并非普适于解决所有问题。

（三）专用机可能会率先突破

量子计算机可分为通用量子计算机和专用量子计算机两大类。通用量子计算机用于解决普遍问题，需要上百万甚至更多物理比特，具备容错能力以及各类软件算法的支撑，其实用化是一个长期渐进过程。专用量子计算机用于解决特定问题，只需相对少量的物理比特和特定算法，其实现相对容易且存在巨大市场需求。业内专家预测，未来美国可能率先在模拟优化等领域的专用量子计算方面实现突破。

在与经典计算的比较和发展定位方面，量子计算目前只在部分经典计算不能或难以解决的问题上具备理论优势，且尚未得到充分证明，并非在所有问题的解决上都优于经典计算。此外，量子计算机的复杂操控仍需要经典计算机辅助。在未来相当长时间内，量子计算都无法完全取代经典计算，二者将长期并跑、相辅相成。量子计算机未来或将作为经典计算机的特殊处理器，专注于解决特殊问题。

2021年10月，中科院量子信息与量子科技创新研究院科研团队在超导量子和光量子两种系统的量子计算方面取得重要进展，使我国成为目前世界上唯一在两种物理体系达到"量子计算优越性"里程碑的国家。

三、量子测量技术

量子测量技术涵盖电磁场、重力应力、方向旋转、温度压力等物理量，应用范围涉及基础科研、空间探测、材料分析、惯性制导、地质勘测、灾害预防等诸多领域。当前量子测量研究和应用领域主要关注以下五大技术方向。

（一）量子惯性导航

角速度传感器（陀螺）是决定惯性导航系统性能的核心器件，广泛应用于飞行器、舰船制导以及自动驾驶等领域。量子陀螺较传统机电式陀螺和光电式陀螺而言，在测量精度和小型化集成方面都具有较大的优势。量子陀螺仪按实现原理可以分成干涉式量子陀螺仪和自旋式量子陀螺仪两类。干涉式量子陀螺仪是一种基于凝聚态物质波萨格纳克效应（Sagnec效应）的陀螺仪。在Sagnec效应中，在可旋转的环形干涉式量子陀螺仪中可观察到干涉条纹移动数与角速度和环路所围面积之积成正比。

根据凝聚态物质不同，干涉式量子陀螺仪可以细分为原子干涉陀螺仪和超流体干涉陀螺仪两类。自旋式量子陀螺仪利用量子自旋的特点实现角速度测量。根据物理介质不同，自旋式量子陀螺仪可分为核磁共振式陀螺仪、无自旋交换弛豫（SERF）陀螺仪和金刚石色心陀螺仪三类。量子陀螺仪的技术特点及国内外代表性成果如表 4-1 所示。

表 4-1　各类量子陀螺仪的技术特点及国内外代表性成果

技术分类		工作原理	技术特点	国际代表性成果	国内代表性成果
干涉式量子陀螺仪	原子干涉陀螺仪	利用原子波包的 Sagnac 效应测量载体转动信息	精度最高，理论精度 $10^{-10}°/h$，技术难度最大，处于原理样机阶段，工程化、小型化周期较长，适用于未来大型惯导系统	2011 年美国斯坦福大学：$\sim 10^{-5}°/h$	2016 年中国科学院武汉物理与数学研究所：$\sim 0.06°/h$ 与世界先进平仍有较大差距
	超流体干涉陀螺仪	利用超流体在微孔阵列发生 Josephson 效应产生的物质波的 Sagnac 效应测量载体转动信息	理论精度较高，理论精度 $10^{-7}°/h$，小型化难度大，低温环境要求高，热噪声敏感	2006 年美国加州大学伯克利分校超流体 ^{4}He 量子干涉式陀螺样机	国内在此领域保持跟踪，有部分研究成果多为理论和仿真结果，差距明显
自旋式量子陀螺仪	核磁共振式陀螺仪	利用原子核自旋敏测量体转动信息	精度中等，$10^{-4}°/h$，小型化最成熟，芯片级导航	2013 年美国 NG：$0.01°/h$，体积 $10cm^3$	2016 年北京航空航天大学/33 所：$1°/h$，体积 $50cm^3$
	SERF 陀螺仪	利用电子自旋测量物体转动信息	兼具高精度和小型化优势，$10^{-8}°/h$，小体积高精度场景	2013 年美国普林斯顿大学：$\sim 10^4/h$	2017 年北京航空航天大学：$\sim 0.05°/h$
	金刚石色心陀螺仪	利用空穴中的电子自旋测量载体转动	三轴测量，快速启动，精度较低，$10^{-2}°/h$，微小体积传感	2012 年美国加州大学：原理样机	2017 年北京航空航天大学：原理样机

量子陀螺仪的关键技术主要包括长弛豫时间原子气室制备技术、原子极化率及稳定控制技术 SERF 态闭环操控技术、冷原子分/合束技术和金刚石 NV 色心三轴敏感结构加工制造技术等。

在应用领域方面，核磁共振式陀螺仪具有抗振动、大动态、大带宽等特点，并且易于小型化、芯片化，适用于新一代战术和民用级别惯性导航，可以应用于微纳卫星、无人机、无人潜航器、特种单兵装备、微小型导弹等武器装备。SERF 陀螺仪和原子干涉陀螺仪都具有很高的精度，但这两种陀螺仪的带宽较窄、量程较小，适合以平台的方式应用于战略武器装备，潜在应用领域包括潜艇和舰船等战略武器装备，以及深空探测器等。超流体干涉陀螺仪制造难度较大，环境要求高，离商用还有一段距离。金刚石色心陀螺目前仍处于学术研究阶段。

(二) 量子磁场测量

磁场是物质自身固有的或相互作用时产生的一种重要物理量，微弱磁场测量作为研究物质特性、探测未知世界的有效手段，在医学、军事、地球物理、工业检测等都有着广泛的应用。量子磁力仪最高磁场测量灵敏度可达 fT 量级（10^{-15} 特斯拉）。高灵敏度量子磁力仪主要有光泵磁力仪、原子 SERF 磁力仪、相干布居囚禁（CPT）磁力计等。量子磁力仪的技术特点及国内外代表性成果如表 4-2 所示。

表 4-2 量子磁力仪的技术特点及国内外代表性成果

技术分类	工作原理	技术特点	国际代表性成果	国内代表性成果
光泵磁力仪	利用原子能级在磁场中发生塞曼效应，光泵浦加入电磁波，使原子发生光磁共振，得到待测磁场大小	灵敏度高、响应频率高、可测量地磁场的总向量口及其分量，并能进行连续	2007 年美国 NIST：5 pT/$\sqrt{Hz}$, 25mm³	2017 年兰州空间技术物理研究所：1 pT/$\sqrt{Hz}$
原子 SERF 磁力计	利用气态碱金属原子电子自旋，光学方法检测磁场	测量超高灵敏度，目前实现最高磁场检测灵敏度	2010 年美国普林斯顿大学：0.16fT/$\sqrt{Hz}$	2015 年北京航空航天大学：5 fT/$\sqrt{Hz}$

续表

技术分类	工作原理	技术特点	国际代表性成果	国内代表性成果
CPT磁力计	CPT共振信号中心频率的大小与磁场强度成正比,测量磁场强度	体积小、灵敏度高、无盲区、带宽大	2001年德国伯恩大学:12pT/$\sqrt{Hz}$(小型化成果美国NIST频率分会:50 pT/$\sqrt{Hz}$,10mm³)	2016年北京航天控制仪器研究所:12pT/$\sqrt{Hz}$

(三) 量子重力测量

地球重力场反映了地球物质分布及其随时间和空间的变化。高精度重力加速度测量可以广泛应用于地球物理、资源勘探、地震研究、重力勘察和惯性导航等领域。冷原子重力仪是近二十年快速发展起来的一种新型量子传感器,它利用激光冷却、原子干涉等技术实现高精度、高灵敏度的重力加速度测量。冷原子重力仪通常分为喷泉式原子重力仪和自由下落式原子重力仪两类。量子重力仪的技术特点及国内外代表性成果如表4-3所示。

表4-3 量子重力仪的技术特点及国内外代表性成果

技术分类	工作原理	技术特点	国际代表性成果	国内代表性成果
喷泉式原子重力仪	将冷原子波包竖直上抛,期间在竖直方向上作用三束拉曼脉冲实现原子干涉,进而进行重力测量	干涉时间长,测量灵敏度高,磁屏蔽容易实现	2013年美国斯坦福大学:3×10^{-11}g/$\sqrt{Hz}$	2013年华中科技大学:4.2×10^{-9}g/$\sqrt{Hz}$
自由下落式原子重力仪	直接将原子自由释放,原子下落过程中作用干涉脉冲,进而进行重力测量	装置较简单,适合于小型化	2008年法国巴黎天文台:1.4×10^{-8}g/$\sqrt{Hz}$	2014年浙江大学:1×10^{-7}g/$\sqrt{Hz}$

冷原子重力仪的研究可以分为两大方向:一是大型超高精度冷原子重力仪,二是小型化可移动冷原子重力仪。目前已经有多个空间项目计划实现用于测量加速度以及差分的重力梯度的空间冷原子干涉仪。大型

冷原子干涉仪有望广泛应用于验证爱因斯坦广义相对论理论、探测引力波、研究暗物质和暗能量等，将为基础科学研究提供有力工具。小型化重力测量设备有望用在可移动平台，使得高精度的航空重力仪、潜艇重力仪甚至卫星重力仪成为可能。小型化冷原子重力仪可以应用于资源勘探、惯性导航、潜艇探测、精准定位、火山地震研究等领域，在军用和民用领域都具有潜在的应用前景。目前的小型化冷原子重力仪的研发还处于起步阶段，设备稳定性、可靠性和环境适应性等方面还需要进一步改进。

（四）量子目标识别

量子雷达将传统雷达与量子技术相结合，利用电磁波的波粒二象性，通过对电磁场的微观量子态操控实现目标检测和成像。相比传统雷达技术，具有灵敏度显著提高、分辨率突破衍射极限、抗干扰能力进一步增强和信息获取方式更加精准等优势。按照雷达中量子技术应用的程度，量子雷达可以分为量子纠缠雷达和量子增强雷达两类。量子纠缠雷达通过发射纠缠光子对实现目标探测，进一步可以细分为干涉式雷达和照射式雷达。量子雷达的技术特点及国内外代表性成果如表 4-4 所示。

表 4-4　量子雷达的技术特点及国内外代表性成果

技术分类		工作原理	技术特点	国际代表性成果	国内代表性成果
量子纠缠雷达	干涉式雷达	使用非经典源照射目标区域，在接收端进行经典的相干检测	误差可以达到 Heisenberg 极限，但性能在衰减介质中减弱明显，不利于实际远距离测量	2013 年美国麻省理工原理样机	—
	照射式雷达	利用量子纠缠源对目标进行照射，在接收端对本地信号和目标散射信号联合测量	m 量子比特的纠缠信号可实现 $2m$ 倍探测信噪比的提升，高灵敏度，适用于任何信号频率		

续表

技术分类	工作原理	技术特点	国际代表性成果	国内代表性成果
量子增强雷达	发射经典态作为探测信号,在接收端采用非经典量子增强检测	原理简单,在传统雷达上平滑升级,实用性强,显著提升雷达性能	2009年美国Harris样机及实用化研究	2017年中国电子科技集团公司第十四研究所SNSPD增强光学雷达132千米外场实验

量子雷达的关键技术主要包括非经典信号的调制和非经典信号的检测。非经典信号的调制主要是纠缠源的制备,非经典信号的检测包括单光子探测和纠缠检测等。

(五)量子时间基准

量子时间基准利用原子能级跃迁谱线的稳定频率作为参考,通过频率综合和反馈电路来锁定晶体振荡器的频率,从而得到准确而稳定的频率输出。按照工作频率,原子钟可以分为微波钟(如Rb原子钟、Cs束原子钟、H钟、CPT钟、Cs原子喷泉钟)和光钟(如Sr原子光钟、Ca原子光钟等);按照工作原理,原子钟可以分为被动式(如Rb气泡式原子钟、被激型H原子钟等)和主动式(如H激射原子钟、Rb激射原子钟)。主要的时钟类型的技术特点及国内外代表性成果如表4-5所示。

表4-5 主要的时钟类型的技术特点及国内外代表性成果

典型类型	技术特点	国际水平	国内情况
冷原子喷泉钟铯原子	激光冷却原子微波频率测量,定时精度达到106量级,当前国际原子时定义的基准参考方法	2012年法国巴黎天文台:2.1×10^{-16}	2015年中国计量科学研究院:2.3×10^{-16}
原子光钟锶/锶原子和钙/铝离子等	光晶格原子/离子囚禁光学频率测量,进一步提高定时精度到108量级,未来原子时间基准演进方向	2013年美国NIST:1.6×10^{-18}	2016年中国科学院武汉物理与数学研究所:7×10^{-17}

续表

典型类型	技术特点	国际水平	国内情况
CPT 钟 铷/铯原子等	相干布居囚禁光学频率测量，定时精度10″量级，芯片化集成，可替代晶振，应用领域广泛需求量大	2011年美国Microsemi公司：10^{-11}	2015年成都天奥公司：10^{-10}

高精度与小型化是量子时间基准的两大发展趋势。高精度的量子时间基准，可用于协调世界时（UTC）的产生，目前我国是参与驾驭国际原子时能力的五国之一。其中，中国计量科学研究院研制的冷原子喷泉钟NIM5不确定度2.3×10^{-16}量级，下一代NIM6有望突破10^{-17}量级，已进入调试阶段。小型化高可靠性的量子时间基准可以用作星载钟，星载钟在卫星导航、定位等领域至关重要。

第四节　量子信息技术应用前景展望

随着量子通信、量子计算、量子测量三大量子信息技术的发展，部分领域已经开始进行商业应用。

一、量子通信

从国际角度看，国际社会对量子通信应用的探索十分活跃。比如，2009年，美国国防高级研究计划局（Defense Advanced Research Projects Agency，DARPA）和洛斯阿拉莫斯国家实验室（Los Alamos National Laboratory，LANL）就分别建成了多节点的城域量子通信网络。其后在2014年，美国航空航天局（National Aeronautics and Space Administration，NASA）提出在总部与喷气推进实验室（Jet Propulsion Laboratory，JPL）之间建立远距离光纤量子通信干线，计划距离达到600千米；其远期目标是将该计划扩展到星地量子通信范畴。

此外，英国、欧盟、日本等国家（组织）也开始了量子通信网络的实验和建设。

从我国自身看，三大领域中，我国在量子通信领域商业化程度最大。如量子保密通信"京沪干线"技术验证及应用示范项目、中国科学院"墨子号"量子卫星项目等均取得了显著成果。在项目的牵引和带动下，我国量子通信领域在全球具有领先地位，不仅掌握了城域、城际以及自由空间等量子通信关键技术，还培育了一批覆盖核心器件研发、产品设备制造、中试测试验证、业务应用开发等产业链各环节的企事业单位。

总体来看，我国已初步形成集技术研究、设备制造、建设运维、安全应用为一体的量子通信产业链。

二、量子计算

从全球范围来看，量子计算的商业化应用总体处于探索当中，当前比较热门的探索集中在金融、通信和军工等领域。除此之外，生物医药、化工行业、新型材料、交通优化等行业和领域，也是被产业界看好的量子计算技术应用场景。

在金融领域，量子计算可用于投资组合管理、资本市场风险分析、保险行业灾难性风险建模、加密和后量子密码学、蒙特卡洛模拟等。比如，QxBranch 与瑞银（UBS）、澳大利亚联邦银行合作研究量子算法在外汇交易和套利方面的应用，这是其量子赋能（quantum-powered）应用程序的一部分，本质上是一款预测分析软件。又如，美国大学空间研究协会（Universities Space Research Association，USRA）与渣打银行联合开展量子计算研究并开发量子计算应用程序。

此外，部分金融科技企业也开始与量子计算科研团队合作研发相干伊辛机（CIM）等专用量子计算机，探索利用量子计算技术解决大数据处理、投资组合、风险控制等金融领域普遍存在的组合优化类难题。产业界预测，鉴于金融行业的资金投资敏感性和安全性，预计组合优化类专用量子计算机将会较早地实现商业化应用。

在通信领域，未来规模巨大、异构网络将对量子计算产生实时性、高效性的需求。量子计算技术天然具备并行处理高维数据、并行搜索最优解等能力,因此可有效解决通信网络包含多未知量、多状态、多维度特征的分类与优化问题,可显著提高通信网络中资源利用效率,降低电信网络中的运维、管理与优化成本。

在军工领域,2020 年,美国政府就宣布对能源部运营的量子技术研究机构投资 6.25 亿美元用于量子技术研究,微软公司、国际商业机器公司和洛克希德·马丁公司(Lockheed Martin Space Systems Company,LMT)等产业界也合计出资 3.4 亿美元。加拿大全球第一家成功实现商业化的量子计算公司 D-Wave 也成功研发出专用量子计算机,并与 LMT、NASA 等开展了深度合作。总体来看,量子计算技术在军事中可以用于通信密码破译、兵棋推演模拟、海量信息研判、战场仿真、装备研发、后勤保障优化等场景。

三、量子测量

目前,全球正在积极推进量子测量技术的商业化进程。从国际角度看,目前欧美等发达国家已经推出基于冷原子的重力仪、频率基准(时钟)、加速度计、陀螺仪等产品,商业化、产业化发展较为迅速,比较活跃的公司有美国的 AOSense 公司、Geometrics 公司,法国的 Muquans 公司,以及英国的 M Squared Lasers 公司。

我国在量子测量技术领域比较关注量子时频同步领域,中国电子科技集团有限公司、中国航天科技集团、中国航天科工集团和中国船舶重工集团公司等正在各自优势领域开展量子测量技术的研究与产品研发。国耀量子、国仪量子、科大国盾等科技企业,在量子激光雷达、量子钻石原子力显微镜、量子钻石单自旋谱仪、基于冷原子干涉的重力仪等技术和产品方面有较大突破,目前部分产品已经用于环境保护、气象、航空、智慧城市等领域的工程。

总体来看,与量子通信、量子计算相比,量子测量具有技术方向多元、应用场景丰富、产业化前景明确等多项显著特点,这也就造成量子测量各细分技术方向的发展成熟度有较大差异。比如，原子钟、冷原子重力仪等已具备成熟商业化能力；量子磁力仪、量子雷达和量子陀螺仪等还是处于工程化研发、中试或应用探索阶段；量子关联成像、里德堡原子天线等尚处于系统技术攻关阶段，距离产业化应用还有很长的路要走。

第五节　量子信息技术发展面临的问题与挑战

量子通信领域在技术层面主要面临两方面难题：一方面，量子通信技术中使用的量子纠缠状态对干扰非常敏感，这也导致通信信号的传输距离受到限制。因此，通信距离受到限制是量子通信技术需要解决的一个关键问题。目前，产业界的研究实现了数百千米距离的量子通信，但要实现更长距离的通信，在技术、工程等多个层面都面临着难题。

另一方面，基于量子通信技术的设备，在稳定性和可靠性两方面均存在较大调整，比如量子通信设备对温度、压力和湿度等环境的要求非常高。因此，如何设计并制造出稳定可靠的量子通信产品是产业界面临的又一大难题，需要产业界和研发机构持续改进设备的设计和制造技术，以提高设备的稳定性和可靠性。

量子计算领域在技术层面主要面临三大难题：一是量子比特的噪声和稳定性。众所周知，量子比特很容易受到噪声和环境的干扰，因此很难保持稳定的叠加态和纠缠态，需要业界研发出新的技术，以便提高量子比特的稳定性和纠错能力。二是量子计算机的可扩展性。当前，量子计算机只有数十个量子比特，但要实现有价值的计算，则需要上千个或更多的量子比特，这对研发出可扩展的量子计算机是一项很大的挑战。三是量子计算机的程序设计。传统计算机的程序设计是基于二进制的，但量子计算机的程序设计则是基于量子态的概念与理念，这就需要开发新的编程语言和工具来实现量子程序的编写。

量子测量领域在技术层面主要面临两方面难题：一方面，标准问题。

由于量子测量技术分支众多，技术方案多样且技术成熟度差异较大，因此量子测量领域标准化过程中面临诸多问题。比如，量子同步、量子惯性测量领域目前仅在零星的领域开展标准化研究，尚未全面开展，很多领域基础的术语定义以及综合评价的指标体系、测试方法尚未统一，亟待标准化。另一方面，多参数量子精密测量难题。单参数量子精密测量是量子精密测量中最简单的问题，近年来在引力波探测等问题中有了重要应用。但多参数量子精密测量则复杂得多，参数之间存在精度制衡，如何减少参数之间的精度制衡以实现多参数同时最优测量，是多参数量子精密测量的最重要问题之一。目前，我国中国科学技术大学郭光灿院士团队在量子精密测量实验中同时实现 3 个参数达到海森堡极限精度的测量，测量精度比经典方法提高 13.27dB。

第五章

脑机接口技术与应用

第一节 脑机接口概述

一、脑机接口的定义

脑机接口（brain-computer interface，BCI），按字面意思理解，"脑"指的是有机生命形式的大脑或神经系统，"机"指的是用于处理或计算的设备，其形式可以从简单电路到硅芯片，也可以到其他设备如轮椅，"接口"意味着"用于信息交换的中介物"。因此，"脑机接口"的定义＝"脑"＋"机"＋"接口"。也就是说，脑机接口是指在有机生命形式（人或者动物）的大脑或神经系统与具有处理或计算能力的设备之间创建的用于信息交换的连接通路，实现信息交换及控制。这是不依赖大脑的正常输出通路（如外周神经系统及肌肉组织）的脑-机（计算机或其他装置）的一种全新通信和控制技术。

脑机接口是与人工智能关联的当代前沿技术之一，本质上它是在人或动物大脑与计算机及其设备之间建立起信息交换的联系通道，进而可用于辅助、修复、增强人的行动、表达和感知功能，如帮助肢体残疾者重新获得一定的运动能力，帮助失语者重拾语言表达能力，帮助盲人、聋人等感官失能者恢复一定的感知能力。除了医疗健康领域之外，脑机接口技术还可用于艺术、体育、军事和游戏等场景，应用前景广阔。

二、脑机接口的原理

以目前人类对脑科学知识的认知来看，在物理学意义上，大脑和意识的本质是电活动。也就是说，当脑神经在遇到刺激或思考时，细胞膜外大量钠离子会涌入细胞内,这样就打破了原有电位差,形成了电荷移动,从而出现局部电流。这种电流在传递过程中会继续刺激其他神经元,最终形成意识。这些意识被解读以后,会发出运动指令,引导身体的某个部位做出相应的动作。

大脑的功能分区分别对应着人体的不同器官、肢体及其功能。大脑的这些分区主要负责感知、运动、注意、记忆、认知、语言、思维、情绪等各种功能。脑机接口技术通过采集不同脑功能区位置与不同深度的电信号,通过预处理、特征提取和模式识别,实现对大脑活动状态或意图的解码,还可以把大脑活动状态、解码结果、与外界通信或控制结果反馈给用户,进而调节大脑活动以获得更好的性能。

通过上述分析,笔者认为,解读脑信号是搭建脑机接口系统的关键环节。实际上,脑信号的解读过程非常复杂,需要事先在脑信号与思维任务之间建立映射模型。脑机接口技术系统则利用上述映射模型,实时处理在线记录的脑信号并将其转化为机器指令从而控制外部设备。与此同时,大脑实时接收脑机接口的反馈结果。这就是脑机接口技术系统的原理。

三、脑机接口的分类

(一) 植入型脑机接口 (Invasive BCI)

植入型脑机接口(又称为侵入式脑机接口)一般需要通过外科手术才能实现,其过程可以理解为先移除人体的一小部分颅骨,然后在大脑中植入电极或芯片,其后将之前移除的颅骨再放回原处进行修复。植入的电极主要分为刚性电极和柔性电极。其中,刚性电极技术目前较为成熟,但它存在极易导致信号减弱的短板。柔性电极技术目前尚未成熟,但它是未来发展的方向。

植入型脑机接口因为直接与人体接触,因此具有高质量和高信噪比的神经信号,以及细胞水平的空间分辨率和时间分辨率较高等优势。但是植入型脑机接口对人体伤害较大，极易引起感染，且电极通道数量低。植入型脑机接口研究在动物实验中取得了许多进展，但在人体中实现应用难度大，因涉及复杂技术与伦理问题。目前已开展的研究非常有限，实验主要集中在美国等传统的科技强国那里。

(二) 非植入型脑机接口 (Non-Partially invasive BCI)

非植入型脑机接口（又称非侵入式脑机接口）不需要进行外科手术，这种技术的原理是直接从大脑外部采集大脑信号。非植入型脑机接口安全性高、成本低，因此接受度高，是目前主流的脑机形式。但是由于不与人脑直接接触，因此颅骨很容易导致信号衰减或引发电场分散模糊效应，信号分辨率低，这也就很难确定发出信号脑区或相关放电的单个神经元，导电膏失效时信号也无法传输。

非植入型脑机接口主要分为湿电极、干电极和半干电极三种。其中，湿电极是传统脑电极一般采用的方式，但在佩戴、清理等方面存在短板；干电极虽然克服了佩戴、清理等方面的短板，但同时降低了信号的质量和稳定性；半干电极则结合了湿电极、干电极两者的特点，也达到简便程度和信号质量的均衡。目前，自润湿、新型凝胶等半干电极是研究的热点。

非植入型脑机接口是利用无损的方式在头皮表面控制信号，常用的非植入型脑机接口信号有头皮脑电（EEG）、功能近红外光谱（fNIRS）、功能性磁共振成像（fMRI）、脑磁（MEG）等。目前研究最多的是基于表面脑电图的信号来源的脑机接口。

(三) 半植入型脑机接口 (Partially invasive BCI)

半植入型脑机接口（又称半侵入式脑机接口）即在大脑皮层表面安置接收信号的设备，接口一般植入颅腔内，但是位于大脑的灰质外，其空间分辨率不如植入型脑机接口，优于非植入型。优点是引发免疫反应和愈伤组织的概率较小，主要基于皮层脑电图（ECoG）进行信息分析。也就是说，半植入型脑机接口具有三大特点：一是电极植入于头皮与大脑皮层之间，二是信号质量介于非植入型与植入型之间，三是植入手术风险比植入型小。

四、脑机接口的工作流程

一般来说，脑机接口基本的实现步骤可以分为四步：第一步，信号采集（singal acquisition）；第二步，信息解码处理（feature extraction）；第三步，再编码（freature translation）；第四步，反馈（feedback）。

信号采集：基于脑机接口对信号采集的形式，可分为植入型、半植入型、非植入型三种。脑电信号采集过程中的干扰有很多，如工频干扰、眼动伪迹、环境中的其他电磁干扰等，本书将针对这三种形式做专题讨论。

信息解码处理：当收集好足够多的脑信息后，就要进行信号的解码和再编码以处理干扰，而分析模型是信息解码环节的关键。根据采集方式的不同，可以根据实际情况选择采用脑电图（EGG）、皮层脑电图等模型进行分析。

再编码：将分析后的信息进行再编码，编码规则取决于想要达到的效果或目标。例如，想控制机械臂端起咖啡杯，就需要编码机械臂的运动信号等。再编码形式多种多样，这也是脑机接口几乎可以与任何工科学科结合的原因，最复杂的情况就是控制其他生物体，如控制白鼠等动物的行为方式。

反馈：获得环境反馈信息后再作用于大脑是一个非常复杂的过程。人类通过视觉、触觉、听觉等感知能力感受环境，并且传递给大脑进行反馈。脑机接口实现反馈这一步是关键难点之一，包括多模态感知的混合解析也是难点，因为反馈给大脑的过程可能不兼容。

第二节 全球脑机接口技术发展现状

一、全球脑机接口发展总体情况

最近十年,各国普遍认为开展脑科学和类脑智能领域研究。一方面,极有可能对脑疾病的诊断治疗做出突破性、关键性的贡献;另一方面,通过进一步理解人脑认知神经机制等精髓,推动新一代人工智能算法和芯片等的研发,变革信息通信领域及其相关领域的产业结构,推动形成新的经济增长点。因此,各国大多将脑科学和类脑智能领域视为科技竞争的战略要地,相关科技规划集中推出,围绕脑科学的国际竞争日趋激烈(见表5-1)。

表5-1 全球部分国家/组织关于脑科学和类脑智能领域的战略布局

国家/组织	相关计划	布局重点	政府财政资金投入
美国	"神经科学研究蓝图"(2004年起) 推进创新神经技术脑研究计划,简称脑计划(2013年起) 脑计划2.0(2020—2026年)	重大脑疾病、大脑多样性、大脑多尺度影响、人类神经科学等	2020年:>5亿美元
欧盟	人脑计划(HBP)(2013年起10年) HBP SGA2	六大信息通信技术平台:神经信息平台、大脑模拟平台、高性能计算平台、医学信息平台、神经形态计算平台、神经机器人平台	10年10亿欧元 3年8800万欧元
英国	英国医学研究理事会(MRC)(2010—2015年)	基础神经科学、神经退行性疾病	超过1.2亿英镑/年
德国	建设Bernstein国家计算神经科学网络项目,2010年进入二期	计算神经科学	超过4000万欧元

续表

国家/组织	相关计划	布局重点	政府财政资金投入
法国	2010年发布"神经系统科学、认知科学、神经学和精神病学主题研究所"发展战略	基础神经科学、神经退行性疾病	2011年资助9500万欧元
加拿大	提出"加拿大脑战略"（2017年至今）	核心脑原则、合作原则、核心社区原则	1.2亿加元
澳大利亚	2016年成立脑联盟，提出脑计划	健康、教育、新工业	—
日本	2008年启动"脑科学研究战略研究项目" 2014年出台为期10年的"Brain/MINDS计划" 2019年通过对2973个个体分析	3D狨猴大脑图谱、神经技术研究、建立疾病发生动物模型、脑基智能	400亿日元
韩国	第二轮脑科学研究推进计划（2008—2017） 韩国脑科学计划（2017年至今）	大脑图游、创新神经技术、AI研发、个性化医疗、信息技术融合、神经伦理学	—

除政府外，各国科研院所及产业界也开始布局脑科学和类脑智能领域研究。例如，美国谷歌DeepMind实验室依托其在机器学习算法和人工智能方面的研究成果，实现了对脑信号进行高效的分类和识别，实现对脑机接口的精准控制。又如，美国布朗大学研究团队（Brain Gate）利用机器学习算法实现了运动意图的准确识别和肢体运动控制，在脑机接口数据处理方面取得了重要突破。综合分析不难看出，目前全球科研院所及产业界布局脑科学和类脑智能领域总体可分为三大重点研究方向。

一是脑图谱领域研究。该研究以脑认知原理为焦点，主要研究脑功能神经环路的构筑和运行原理，并绘制人脑宏观神经网络、模式动物微观神经网络的结构性和功能性全景式图谱。

二是脑诊断领域研究。该研究是主要重大脑疾病的机理研究，揭秘遗传基础、信号途径和治疗新靶点，进而实现脑重大疾病的早期诊断和干预，旨在促进智力发展、防治脑疾病和创伤。

三是类脑智能领域研究。该研究旨在研究类脑计算的理论，以及研发类脑智能系统。如基于对脑认知功能的网络结构，揭秘其工作原理，进而研究具有更高智能的设备设施和信息处理技术。

目前，脑机接口的研究伦理问题已经引起各国的重视。2023年7月，联合国教科文组织（UNESCO）发布一份关于神经技术的报告，在将脑机接口置于技术发展核心位置的同时，也呼吁各国对脑机接口技术研发与应用要跟人类基因组计划、人类基因数据、人工智能有重大争议技术一样，加强规制。

鉴于美国是全球最早提出脑科学计划、脑科学行业发展规划的国家，也是目前为止全球政府资金投入最多、脑科学和类脑智能领域整体技术发展水平最高的国家，因此，本书以对美国的观察为例来说明。

二、美国脑机接口的发展情况

早在1989年，美国政府就开始实施脑科学计划，并将20世纪最后10年定名为"脑的10年"。美国作为全球科技创新的领导者，对于脑科学研究较早且投入较大，在脑科学基础研究领域技术暂时领先。以下为美国近10年关于脑机接口的规划与布局情况。

（一）发展历程

2013年4月，奥巴马政府宣布实施脑计划（RAIN Initiative）。该计划旨在通过推进神经技术创新，探索人类大脑工作机制、描绘脑活动全图、促进神经科学等方面的研究，并计划开发出针对目前无法治愈的大脑疾病的新方法。对于该计划，美国政府拨付了1亿美元的启动资金，并规划2013—2024年间，累计投入45亿美元的资助资金。计划发布后，美国国立卫生研究院（National Institutes of Health，NIH）、美国国防高级研究计划局（Defense Advanced Research Projects Agency，DARPA）和美国国家科学基金会（National Science Foundation，NSF）三大联邦机构根据自身职能，相继提出各自领域的研究重点。

2014年2月，美国政府为进一步推进脑计划，将2015年财政预算提高至2亿美元。同年6月，NIH脑计划领导小组发布了《脑计划2025：科学愿景》。该报告详细规划了NIH脑计划的研究内容和阶段性目标。同月，加利福尼亚州提出Cal-BRAIN计划，目的是促进产业界参与到脑计划之中。自此以后，美国其他州也开始探讨类似的计划。

2016年，NIH宣布第三轮支持脑计划的研究资助项目。其中，既涉及基于微小电传感器的神经末梢系统——该系统无线记录大脑活动以改善中风患者的康复，也涉及脑机接口技术。

2018年11月，NIH宣布将投入2.2亿美元资助200个脑计划新项目，加大了对脑计划支持力度。这200个新项目包括各种脑部疾病的检测和治疗、无创脑机接口和无创脑刺激装置等。

2019年10月，美国BRAIN 2.0工作组发布了《大脑计划与神经伦理学：促进和增强社会中神经科学的进步》报告，对其五年前提出的《脑计划2025：科学愿景》实施情况和未来发展进行了梳理和展望。同时，美国军方也高度重视脑机接口的创新研究及其在军事和医疗方面的应用，如DARPA启动了"可靠神经接口技术（RE-NET）""革命性假肢""基于系统的神经技术新兴疗法（SUBNETS）""手部本体感受和触感界面（HAPTIX）""下一代非手术神经技术（N3）"以及"智能神经接口（INI）"等几十个神经相关项目，旨在探索神经控制和恢复、脑机接口与外骨骼机器人、无人机和无人车等设备的联用等，以研发治疗和康复新途径，增强和开拓脑功能及人体效能，拓展训练方式和作战环境。

总体来看，美国脑计划重点研究包括建立大脑结构图谱、研发大规模神经网络电活动记录和调控工具、理解神经元活动与个体行为的关联、解析人脑成像基本机制、发明人脑数据采集的新方法以及与脑机接口技术紧密相关的研究内容。

此外，美国已对脑机接口技术进行了出口管制。2021年10月26日，美国商务部工业和安全局（Bureau of Industry and Security，BIS）发布了一份关于拟制定规则的预通知，并就拟实施的脑机接口技术出口管制征求公众意见。这说明 BIS 已将脑机接口确定为一种可能对美国国家安全至关重要的、潜在的、新兴的基础技术。2023 年 2 月，美国商务部召开脑机接口专题研讨会，会议邀请了 17 位脑机接口产业界以及学术界的专家，主要议题是关注脑机接口的潜在用途及其对国家安全的影响。在会议上，美国商务部负责出口管理的副助理部长波尔曼（Borman）表示："我们必须能够准确地限制那些可能对其进行滥用的国家和地方获取此类技术，但这样做的方式不能削弱我们自己的创新、研究和技术领导力。"这说明美国正在考虑对脑机接口技术进行出口限制。

（二）脑计划 2.0

2018 年 4 月，新组建的脑计划工作组回顾了前期脑计划的投资和进展情况，并向神经科学界以及与脑计划相关机构广泛地征求意见和建议，重新制定了脑计划 2.0 版本。脑计划 2.0 首先回顾了取得的成绩，同时分析了与既定目标之间的差距，重新确定了发现多样性、多尺度成像、活动的大脑、证明因果关系、确定基本原则、人类神经科学等重点领域面临的新机遇，并提出短期研究和长期研究的目标和建议。表 5-2 为美国脑计划 2.0 确定的短期与长期目标。

表 5-2 美国脑计划 2.0 的短期和长期目标

重点研究领域	短期目标	长期目标
发现多样性	● 为细胞类型建立数据生态系统，以便整合不同领域的神经元表型 ● 建立统一的脑细胞类型分类 ● 实现对多物种细胞类型的遗传和非遗传操作 ● 利用细胞普查数据，更新和测试神经回路功能的理论及模型	● 整合建立细胞类型数据平台，以便开展理论研究及技术研发 ● 在 6 到 10 个物种中，用高粒度以及遗传和非遗传的途径，进行全脑解剖解析普查

续表

重点研究领域	短期目标	长期目标
	• 开发蛋白质标签，尤其要开发具有跨物种适用性的蛋白质标签 • 在保留细胞类型信息的同时，创建多尺度的细胞重建、连接和功能映射 • 将单细胞多模态分析扩展到其他物种，如非灵长类动物（NHP）和人类	• 支持开发模拟人脑的三维细胞系统/有机体/组装体等
多尺度成像	• 提高清除和标记方法的通量 • 开发传播软件和机器学习工具，以便有效开展分析 • 生成密集三维数据库 • 继续开展和扩展神经调节作用的研究，包括微观、中观及宏观尺度的研究 • 改进活细胞中的跨突触顺行病毒追踪，并将病毒追踪扩展到小鼠大脑以外的模型 • 在啮齿动物和NHP的大脑研究中，将光学成像和电生理学与功能磁共振方法相结合 • 继续努力绘制个体动物大脑的结构和功能图 • 通过使用核磁共振、其他电磁方法或者聚对苯二甲酸乙二醇酯（Polyethylene terephthalate，PET），从而加深对大脑微观结构的无创测量的理解 • 从结构和功能测量中可重复性地描述个体大脑差异，包含整个生命周期的差异	• 在电磁水平整体评估全小鼠大脑连接体，整合死亡前获得的体内功能和分子这两者之间的相关性 • 从功能特征明显的个体动物的大脑中获取完整的非灵长类动物（然后是人类）大脑投射图 • 实现全脑、高分辨率（时空）、不受快速梯度切换和高场射频线圈生物学限制的功能性磁共振 • 应用机器学习方法比较小鼠及人类大脑的同源区域 • 使用改进的高通量清除和标记方法，以及快速连续切片电磁工具研究人类皮层和皮下结构 • 建立高通量模式，为关键的分子靶点（如神经调节受体、突触）开发和应用新型PET示踪剂 • 结合载体和离体数据，建立人体大脑结构和功能之间的基本联系，包括自然变异的作用
活动的大脑	• 探索短期和长期行为期间不同细胞类型、神经调节剂和神经活动之间的实时相互作用 • 通过开发神经活动的近红外光声兼容指标，将超声方法与直接感知神经活动相结合	

续表

重点研究领域	短期目标	长期目标
	• 开发新的 NHP 大脑记录和成像技术 • 开发新的工具用来分析原始的和后天训练过的行为 • 开发新的工具用来连接某种行为，以及大脑对应这种行为的数据记录 • 整合在模型系统之间的技术开发和信息传递 • 继续推进电生理技术 • 继续研发光学记录技术 • 开发更好的记录细胞活动的光学仪器 • 建立动态方法，实时检测特定神经肽在体内的释放 • 开发标记活跃神经元的方法 • 在人类大脑回路分析的研究中，将神经伦理学的讨论和建议贯穿到整个实验和研究过程	• 测量必须同时记录的细胞数量，在给定的精度水平上解释特定的行为 • 开发分析工具，建立大规模神经群体活动和复杂行为之间的因果关系 • 人脑中高速神经活动的成像
证明因果关系	• 建立在移动动物和深层神经结构中进行精确单细胞光遗传学控制的方法 • 在哺乳动物中，测量以可检测的方式改变行为所需的最少神经元数量 • 测量特定的不适应行为障碍的因果回路，如成瘾、社会认知障碍、攻击性和强迫行为 • 扩展能够在模型生物（啮齿动物和果蝇）中进行复杂行为分析的机器学习算法 • 制定策略，对特定回路动态进行定量的、可调的实时扰动 • 校准扰动与自然发生的信号（大脑状态、行为状态、回路状态），以测量时间和环境变化对行为的影响 • 结合实验和理论，预测和控制扰动的行为后果 • 确定感兴趣的关键适应性行为的因果路径，如认知、运动规划、感觉知觉和动物自然行为 • 解决遗传扰动工具在灵长类动物身上的挑战，因为它们的效果远不如啮齿类动物 • 通过实时的神经系统整合分析，使神经回路操作和活动记录之间直接关联	• 将基于纳米材料的技术应用于神经回路研究，将这些技术从离体和小型应用中提取出来，应用于回路解剖的行为实验中 • 基于对大脑动力学因果关系的深入理解，开发新的神经精神疾病诊断和治疗设计方法 • 每年将多个单细胞扰动的规模提高大约一个数量级 • 开发并应用声学和磁性方法来进行扰动和读出大脑深处的区域

续表

重点研究领域	短期目标	长期目标
	• 将新兴的扰动工具应用于目前难以通过既定技术研究的回路，例如深度和分布式脑回路 • 整合扰动技术与脑计划的其他关键技术 • 支持神经伦理学研究（概念性和经验性的），将神经伦理学家纳入研究团队，以解决通过直接控制大脑回路来改变人类行为所引起的神经伦理学问题 • 确保公平参与研究，研究结果可能波及大量人群 • 阐明更接近人类生理的 NHP 模型的伦理含义，随后根据研究结果制定指导方针	
确定基本原则	• 继续开发分析大型复杂数据库的技术 • 多尺度的联系 • 加速理论、建模、计算、统计理念和技术在神经科学部门和项目中的结合	• 继续开发分析大型复杂数据集的技术 • 多尺度的联系
人类神经科学	• 开发更好的方法来获取、保存和研究来自外科手术和死后样本的活体人体组织，使对人类大脑和周围和自主神经系统的研究成为可能 • 增加对临床前和临床模型中深脑刺激和闭环调节机制的理解 • 将研究扩展到侵入性设备之外 • 继续投资于非侵入性成像仪器的物理/工程，并支持开发具有高时空分辨率的非侵入性方法来监测人类的神经活动，包括非电活动等 • 为开发人类神经科学使用的工具的团队建立标准 • 支持跨学科研究，使功能磁共振成像技术在临床环境中得以成功应用 • 支持神经生物学以外的以神经科学为导向的科学家培训，包括计算科学家、物理学家和工程师，以推动成像和非侵入性电生理技术的进步 • 改善数据访问路径 • 为人类的神经刺激和神经调节制定一套可操作的神经伦理指南，包括短期和长期	• 开发更好的针对人类神经元和神经胶质的技术和检测系统，包括改进的病毒载体、下一代 CRISPR 技术和其他非病毒方法 • 发现并验证新型 PET 示踪剂，以监测人类突触中的神经活动和分子标记 • 改善电生理源定位，为无创电磁记录带来近乎或真正的断层扫描能力 • 开发多尺度方法和工具用来结合使用不同实验方法得到的数据 • 开发合适的模型来探索疾病状态和治疗机制，有助于加速其在人类中的应用

由脑计划2.0确定的重点领域以及短期、长期目标可知，脑计划2.0致力于从解析人类脑细胞图谱、构建哺乳动物脑连接图谱和开发特异性的脑细胞亚型调控工具上发力。这些任务的完成将会革命性地促进对人类大脑作用方式的理解，并将为基于神经环路治疗神经退行性疾病和精神疾病提供重要的理论支撑与实现手段。目前美国依然处于脑计划2.0阶段。

（三）监管措施

2017年5月，美国国家科学基金会赞助了在纽约哥伦比亚大学举办的一场研讨会，会上讨论了神经技术和机器智能的伦理问题。与会者一致认为现存的伦理规范对脑机接口领域来说是不够的，因此建议要加强隐私权、知情同意权、能动性、身份、体智增强以及偏见等方面的监管。这说明，美国依然采用通用规范约束脑机接口的伦理问题。

三、我国脑机接口的发展现状

（一）在政策层面

从国家层面看，在新一轮的脑科学竞争中，中国科学院率先布局，在2014年成立了"脑科学卓越创新中心"。此后，为推动脑科学与智能技术的交叉融合，中国科学院于2015年正式将"脑科学卓越创新中心"更名为"脑科学与智能技术卓越创新中心"，扩大了研究范围与领域。2016年，《"十三五"规划纲要》进一步将"脑科学与类脑研究"列为"国家重大科技创新和工程项目"。至此，我国脑计划研究正式全面展开。根据相关规划，我国"脑科学与类脑研究"旨在探索大脑秘密，攻克大脑疾病和开展类脑研究等。围绕脑与认知、脑机智能、脑的健康三个核心问题，统筹安排脑科学的基础研究、转化应用和相关产业发展，解决大脑三个层面的认知问题。《"十三五"规划纲要》发布后，国务院相关部委就发展脑机接口密集出台政策，进一步为脑机接口指明了发展重点和发展方向。总体来看，我国脑机接口利好政策持续发布，强力支撑着脑机接口行业稳步成长。

表 5-3 为 2016 年后，我国出台的与脑机接口相关的政策。

表 5-3 我国出台的与脑机接口相关的政策

序号	时间	颁布主体	政策文件名称	主要内容
1	2018 年 12 月	工信部	《工业和信息化部关于加快推进虚拟现实产业发展的指导意见》	研发自内向外追踪定位装置、高性能 3D 摄像头以及高精度交互手柄、数据手套、眼球追踪装备、数据衣、力反馈设备、脑机接口等感知交互设备
2	2019 年 12 月	工信部	《关于促进老年用品产业发展的指导意见》	发展康复训练及健康促进辅具。针对老年人功能障碍康复健康管理需求，加快人工智能、脑科学、虚拟现实、可穿戴等新技术在康复训练及健康促进辅具中的集成应用
3	2020 年 8 月	发改委、科技部、工信部等	《国家新一代人工智能标准体系建设指南》	解决语音、手势、体感、脑机等多模态交互的融合协活和高效应用的问题，确保高可靠性和安全性交互模式。人机交互标准包括智能感知、动态识别、多模态交互三个部分
4	2020 年 12 月	科技部	《长三角科技创新共同体建设发展规划》	在智能计算、高端芯片、智能感知、脑机融合等重点领域加快布局，筹建类脑智能、智能计算、数字孪生、全维可定义网络等重大基础平台
5	2021 年 12 月	国务院	《"十四五"国家老龄事业发展和养老服务体系规划》	发展健康促进类康复辅助器具。加快人工智能、脑科学、虚拟现实、可穿戴等新技术在健康促进类康复辅助器具中的集成应用
6	2022 年 8 月	科技部、中宣部等	《"十四五"国家科学技术普及发展规划》	面向关键核心技术攻关，聚焦国家科技发展的重点方向，强化脑科学、量子计算等战略导向基础研究领域的科普，引导科研人员从实践中提炼重大科学问题，为科学家潜心研究创造良好氛围

续表

序号	时间	颁布主体	政策文件名称	主要内容
7	2022年10月	工信部、教育部等	《虚拟现实与行业应用融合发展行动计划（2022—2026年）》	重点推动由内向外追踪定位技术研究，发展手势追踪、眼动追踪、表情追踪、全身动捕、沉浸声场、高精度环境理解与三维重建技术，加强肌电传感、气味模拟、虚拟移动、触觉反馈、脑机接口等多通道交互技术研究，促进感知交互向自然化、情景化、智能化方向发展

注：颁布主体均使用简称。

从地方层面来看，目前我国多地政府对发展脑机接口持支持态度，很多省份在本辖区"十四五"规划及相关行动方案中提出，要面向脑机接口等前沿技术开展基础研究，建设交叉性质的研究平台、创新服务平台、中试平台等，大力推进和促成创新成果转化。比如，上海市在推动脑机接口领域发展方面领先全国，明确提出了要以计算神经科学为桥梁，开展脑与类脑交叉研究的脑计划，该计划已于2015年正式实施。

2022年10月，上海印发《上海打造未来产业创新高地发展壮大未来产业集群行动方案》，明确提出要"加速非侵入式脑机接口技术、脑机融合技术、类脑芯片技术、大脑计算神经模型等领域突破。加强脑工程学、脑神经信息学、人工神经网络等基础研究，推动类脑芯片、类脑微纳光电器件、类脑计算机、神经接口、智能假体等研发创新。探索脑机接口技术在肢体运动障碍、慢性意识障碍、精神疾病等医疗康复领域的应用"。

从落实层面看，部分省市成立了实体机构开展脑机接口的科研工作，诸多高校和科研机构在脑科学领域也都有实际举措，其中最为突出的是北京、上海、深圳和成都等城市，天津、湖北、浙江、重庆、厦门等省市也在陆续启动区域脑科学计划，加快脑科学创新中心建设。比如，北京和上海带头，分别成立了北京脑科学与类脑研究中心、上海脑科学与类脑研究中心。

2015年5月，上海市发布了《关于加快建设具有全球影响力的科技创新中心的意见》，将脑科学与人工智能列为重大基础工程之首。2018年12月，上海市启动"脑与类脑智能基础转化应用研究"市级重大专项，其中包括"全脑神经联结图谱与克隆猴模型计划"等相关专项。

2019年，北京市经济和信息化局发布了《北京市机器人产业创新发展行动方案（2019—2022年）》，其中提到了面向养老、健康服务等领域的关键技术，如机器学习、触觉反馈、增强现实和脑机接口等。

2021年，杭州市西湖区率先布局脑机智能产业，全力打造脑机智能产业链。该项目旨在探索以国有企业为主体、产学研深度融合的新路径，助力西湖区打造全国性的校地合作示范区，真正实现产学研深度融合，帮助优秀企业和科研团队在区内落地发展。这表明我国各地方政府在推动脑机智能产业的发展方面已经迈出了实质性的步伐。

（二）产业发展

我国的脑科学研究机构已经形成了几大主体，以脑科学和类脑研究中心（北京、上海）、教育部前沿学科中心（复旦大学、浙江大学等）和高校研究院所组成的研究机构（如高校共建的麦戈文脑科学研究院等）为主力军。这些机构在脑机接口领域的专利和论文产出方面，也发挥着主力军的作用。

此外，脑科学与物理学、工程学、材料学、人工智能等学科和技术的深度交叉融合，为产业发展带来了更多机遇，相关产品和技术也应运而生。

总体来看，我国脑科学技术大致有三大产业发展方向：一是监测与检测，包括神经监测与成像等；二是治疗与调节，包括神经精神类疾病药物研发、神经调节、神经反馈、认知评估与增强等；三是控制与模拟，包括神经操控、神经假体与模拟、脑机接口、类脑计算等。

（三）监管措施

2024年2月，国家科技伦理委员会人工智能伦理分委员会编制了《脑机接口研究伦理指引》，这是我国在脑机接口研究领域的首部伦理指引。该指引明确提出，开展脑机接口研究应确保研究具有社会价值，应主要致力于修复型脑机接口技术，强调通过技术的发展服务公众的健康需求。同时强调，如果在人体上开展脑机接口研究，应根据《涉及人的生命科学和医学研究伦理审查办法》等相关法规，申请并通过伦理审查。还需要根据手术植入物、有源植入物指导原则和相关标准，进行安全性和有效性充分验证，包括提供生物相容性检测报告、型式检测报告、大动物安全性有效性报告等。此外，该指引还明确了开展脑机接口研究的一般要求，强调开展脑机接口研究须符合我国相关法律法规规定，遵循国际公认的伦理准则以及科学共同体达成的专业共识与技术规范，不得通过脑机接口研究进行非法活动、侵害他人合法权益、破坏社会稳定，不得散播与脑机接口实际效果不符的虚假广告信息。

第三节　脑机接口核心技术体系

一、脑机接口技术体系

脑机接口系统的工作原理简单来讲：首先，进行脑电信号采集。脑电信号采集需要通过电极（植入式电极、非植入式电极等）将信号从脑部采集出来，因此脑机接口电极的制备是关键前提。其次，进行信号预处理。这一步使用脑电信号预处理芯片，对采集到的信号进行滤波、降噪等处理，提高信号的质量。再次，特征提取。需要从复杂的脑电信号中提取出与特定任务相关的特征，进而用于分类识别。最后，分类识别。将提取的特征与已知任务的模型进行比较，最终实现对任务的识别和控制。

根据上述脑机接口系统的工作原理，结合经典信息系统构成理论，本书将脑机接口的技术体系分为硬件层与软件层。其中，硬件层包括脑电信号采集设备和脑电信号处理设备两大部分。脑电信号采集设备包括核心材料和器件、电极；脑电信号处理设备则主要包括芯片、电源等。软件层包括脑电信号分析、算法、通信与计算、安全隐私四个主要部分（见图 5-1）。

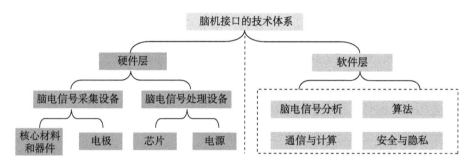

图 5-1　脑机接口技术体系架构图

二、技术产业链供应商

从技术体系来看，为了实现脑电信号的预处理、信号通信以及信号处理等脑机接口技术关键环节，脑机接口整个产业链条可以分为上游、中游和下游三个环节。其中，上游包括脑电采集设备，如非植入式电极、植入式微电极，以及 BCI 芯片、处理计算机/数据集和处理算法、操作系统级分析软件和外部嵌套等。中游主要是指脑机接口产品集成商、提供商等。下游则是指医疗健康、教育培训、游戏娱乐、智能家居、军事国防等各种应用领域。

从产业链各环节来看，脑机接口产业上游参与者包括芯片与脑电采集设备商、操作系统与软件商、数据分析商等，中游主要是脑机接口产品提供商，下游则包括各种应用领域或者说是需求方（见表 5-4）。

表 5-4　脑机接口技术产业链供应商

产业链环节		技术体系主要的供应商
上游	脑电采集设备	Brain Products、NeuroScan、BrainCo
	BCI 主芯片	Tl、ST 等
	BLE 芯片及 IP 供应商	泰凌微电子（上海）股份有限公司 成都锐成芯微科技股份有限公司 博通集成电路（上海）股份有限公司等
	外部嵌套	Rex Bionics、Oculus、Ekso
中游	脑电采集平台	Neuracle、Neuralink、BrainGate、NeuroSky、Synchron、G.TECO、NeuraMatrix、NeuroXess 等
	脑机接口设备	柔灵科技、MindMaze、BrainCo、NeuroPace、CTRL-Labs 等
下游	应用领域	医疗、科研、教育、娱乐、军事国防等领域

全球脑机接口产业链的发展还处于初期阶段，尤其是在上游环节，全球范围内并没有形成上游技术、设备的标准化量产，如 BCI 芯片和算法是当前的核心技术壁垒。我国由于在模拟电路设计等方面踩在短板，因此脑机接口受到了一定的限制，如脑机接口平台的核心零部件仍然依靠进口，国产化水平有待提高。

2021 年 10 月，美国商务部工业和安全局出台新规，拟在出口管理条例中进一步明确新的管制项目，其中就包括脑机接口技术。美国进一步加强脑机接口技术的出口管制，将对我国的脑机接口产业发展造成影响。

三、脑机接口核心技术

（一）脑机接口电极

脑机接口电极分为植入式电极和非植入式电极。其中，植入式微电极是脑机交互的关键基础。植入式电极通过将以离子为载体的神经电信号转换为以电子为载体的电流或电压信号，从而获取大脑神经电活动信息。目前，植入式电极已被广泛应用于基础神经科学、脑疾病的诊断治疗、脑机交互通信等领域。非植入式电极应用场景也十分广泛。由于非植入式电极不需要进行手术便可植入，如直接放置于头上即可进行脑电信号采集。非植入式电极也被称为无创电极，其安全无创特性更易被用户所接受，因此在非临床脑疾病诊疗、消费级脑科学应用等场景中得到了广泛的应用。

目前，市场上的植入式电极、非植入式电极主要有微纳电极、头戴式脑电帽电极和脑起搏器电极。其中，微纳电极的研制一般需要使用纳米加工技术，研制过程包括使用光刻、电子束曝光和化学蚀刻等步骤，并在硅基底上形成微米级别的电极。在此过程中，需要高精度的加工设备和耐高温、化学蚀刻的化学材料，以及研发所需的电子束曝光机、等离子刻蚀机等。头戴式脑电帽电极的研制比较简单容易，一般只需要将金属电极嵌入头戴式帽子中，并与放大器相连。头戴式脑电帽电极通常由银或者银氯化物和碳纳米管等材料制成，其制备过程涉及金属电极的制备和头戴式电极的集成。头戴式脑电帽电极需要与脑机接口放大器相匹配，以确保信号的质量和可靠性。脑起搏器电极研制一般需要精确的电极设计和制造，以确保定位的精准性和刺激的有效性。脑起搏器电极通常由铂或者铱等高导电性材料制成，并使用微纳加工技术制造。脑起搏器电极需要与脑机接口放大器相匹配，以确保信号的质量和可靠性（见表 5-5）。

表 5-5 脑机接口电极布局企业及其市场产品清单

市场产品	公司名称	公司简介	技术研发方向
IMEC	总部位于比利时，专注于纳米电子、数字技术等领域	微纳电极阵列	Neuropixel
NeuroNexus	总部位于美国，专注于研究生产微纳电极阵列及其相关的电子学设备	微纳电极阵列 电子学设备	NeuroNexusProbes
BlackrockMicrosystems	总部位于美国，专注于生产高品质的神经科学研究工具和脑机接口设备	微纳电极阵列 头戴式脑电帽 脑起搏器电极	UtahArray Cerebus System Wireless Neural Matrix
Neuralink	总部位于美国，专注于研发高密度、高带宽的脑机接口技术	微纳电极阵列	N1Link
G. TEC	总部位于奥地利，专注于脑机接口和脑—机器界面的研究和开发	头戴式脑电帽 脑起搏器电极	g. Hlamp g. BSImed g. GAMMAbox

续表

市场产品	公司名称	公司简介	技术研发方向
Medtronic	总部位于爱尔兰,其是全球领先的脑起搏器制造商之一。目前已具备生产多种类型的脑起搏器电极的能力	脑起搏器电极	Activa Soletra
SapiensNeuro	总部位于德国,专注于脑起搏器电极和相关的脑机接口设备的研发和生产	脑起搏器电极	Cereneo
Emotiv	总部位于美国,具备生产高品质的头戴式脑电帽和相关的脑机接口设备的能力	头戴式脑电帽	Emotiv EPOC X
NeuroSky	总部位于美国,具备生产基于干式脑电技术的头戴式脑电帽和相关的脑机接口设备的能力	头戴式脑电帽	MindWave Mobile 2

总体而言,脑机接口电极的制备需要高精度的加工设备,耐高温、化学蚀刻的化学材料,精确的电极设计和制造等,这些设备同样是半导体产业所必需的。从上述公司分布来看,美国科技企业占比超过一半,我国未有企业入围。也就是说,我国半导体产业从设备到材料都处于被卡脖子的状态,目前正处于攻坚阶段。这也说明我国脑机接口从源头上依然受到半导体产业制造水平的制约,限制了我国脑机接口整个产业的发展。

（二）脑机接口芯片

脑电信号处理芯片是将脑电信号转化为数字信号的芯片,通常由模数转换器、滤波器、放大器和数字信号处理器等组成。它是将脑信号直接转化为数字信号的核心硬件,也是脑信号读取与解码、脑部疾病诊断与调控所依赖的工具。

从技术层面看,随着集成电路技术的快速发展以及电路与神经科学融合研究的持续探索,脑信号采集技术朝着微型化、轻量化、高通量、分布式采集的方向不断前进,但也面临多方面的挑战。

一是由于多个脑信号采集参数之间存在相互制约的关系,因此多参数的统筹优化是当前脑信号采集芯片设计的核心问题之一。

二是信号噪声是脑信号采集过程中最大的干扰源之一,而共模抑制比是衡量系统应对环境干扰的关键参数,因此如何在前端放大器电路采用共模反馈技术以及共模前馈技术以提高系统级共模抑制比,保障采集信号质量是一大难题。

三是采集芯片的微型化设计是植入式脑机接口系统核心技术挑战之一,如何将采集芯片缩小至可植入的尺寸范围是当前业界亟须突破的方向之一。

从产业发展层面看,脑机接口芯片通常需要高精度的设计和制造,以保障采集信号的准确性和可靠性,但是脑电信号处理芯片通常需要与相应的硬件和软件设备相匹配。也就是说,市场上的供应商一般将脑机接口涉及的硬件和软件进行捆绑式销售。

从国际竞争角度看,一方面,脑电信号处理芯片的研发需要高水平的集成电路设计和制造技术,如模拟电路设计、数字电路设计、射频设计、低功耗设计等,脑电信号处理芯片关键的研发平台需要高精度的芯片设计软件、电路仿真软件、射频测试设备和集成电路制造设备等,这些严苛的设计要求在一定程度上限制了我国生产高品质脑电信号处理芯片的能力。另一方面,脑电信号处理芯片所使用的原材料包括硅晶圆、金属线材、芯片封装材料等,我国对于这些高精度、高质量原材料的需求,依然依赖美国、日本等国的供应(见表 5-6)。

表 5-6 脑机接口芯片布局企业及其市场产品清单

公司名称	简介	研究方向	产品
Intan Technologies	总部位于美国。通过将微弱的生物电信号直接转换为数字信号,Intan 微芯片取代了电生理监测和数据采集系统中的所有仪器电路	模拟和数字信号处理器	RHD2216 RHD2164 RHA2116 RHA2132
ADI	总部位于美国。ADI 是脑电信号处理芯片领域的领先厂商之一,提供多种高品质的模拟和数字信号处理器	模拟和数字信号处理器	ADAS1000 ADSP-21489

续表

公司名称	简介	研究方向	产品
TI	总部位于美国。TI 是脑电信号处理芯片领域的领先厂商之一，提供多种高品质的模拟和数字信号处理器。	模拟和数字信号处理器	ADS1299 TMS320F28379D
NXP	总部位于荷兰。NXP 专注于设计和生产高品质的模拟和数字信号处理器，包括脑电信号处理芯片。	模拟和数字信号处理器	KinetisK24 LPC54114
Mindray	总部位于深圳。Mindray 生产多种类型的医疗设备，包括脑电信号处理芯片和相应的数据采集设备。	模拟和数字信号处理器、数据采集设备	（BeneVision） N-Series M-series
NeuroSky	总部位于美国。NeuroSky 生产基于干式脑电技术的脑机接口设备和相应的脑电信号处理芯片	模拟和数字信号处理器	ThinkGear ASIC
聚德科技	总部位于北京。它是中国领先的脑电信号处理芯片厂商之一，生产多种类型的模拟和数字信号处理器	模拟和数字信号处理器	JDC1000 JDC1101
同方威视	总部位于北京。它生产研制了多种类型的医疗设备，包括脑电信号处理芯片和相应的数据采集设备	模拟和数字信号处理器、数据采集设备	S10 NT-3

（三）脑机接口算法

脑机接口系统主要包括脑电信号的产生、处理、转换和输出等功能模块。其中，脑电信号的转换为核心环节。

当前，产业界关于脑机接口的研究重点聚焦于寻找合适的信号处理和转换算法方面，这个过程涉及数据预处理、数据管理、机器学习算法、软件工程等多种技术，且对高性能计算能力有较高的需求。

1. 数据预处理技术

脑电信号处理技术是脑机接口技术中不可或缺的一部分，它可以从神经信号中提取有用信息，并将大脑信号处理后形成指令，用指令驱动外部设备做出反应。神经信号处理技术涉及多类型技术，比如信号去噪、信号特征提取、信号编码和解码等。对于植入式脑机接口，涉及如何从采集到的信号中提取出真实的神经元信号。目前不同企业关于这个技术难题使用了不同产品，所用的算法也不尽相同。对于非植入式脑机接口，需要对数据进行预处理，主要包括滤波、去除伪迹等，以便能够将时域信号变换到频域上进行分析。

2. 数据管理技术

对数据进行预处理后，还需要进行数据管理。数据管理技术在脑机接口技术体系中，同样扮演着至关重要的角色。数据管理技术为收集、存储来自不同试验和研究的脑电信号提供了标准化的方式。通过数据管理技术，研究人员可以共享和比较不同实验之间的数据，以便更好地理解脑机接口系统的性能和限制。此外，数据管理技术支持在线实时数据处理和决策制定，以进一步提高脑机接口的应用效率和效果。

3. 机器学习算法技术

机器学习算法技术是人工智能和脑机接口研究中不可或缺的一部分。机器学习算法，尤其是无监督学习算法，可以自动地学习和优化大量脑电信号数据，从而发现更为复杂和微妙的关系，进一步提高脑机接口系统的准确性和稳定性。目前，基于深度学习的算法已经成为脑机接口研究中的热点领域，具有非常广阔的应用前景。

4. 软件工程技术

软件工程技术具备支持脑机接口集成化和系统化的能力。在一定程度上，软件工程技术加速了脑机接口科技创新研究成果的转化以及工程应用。举例说明，软件工程技术可以帮助研究人员构建脑机接口系统的软件平台，提高其效率和稳定性；同时可以提供丰富的软件开发工具包，支持不同领域的开发人员快速开发和部署自己的脑机接口应用程序。此外，软件工程技术还可以支持脑机接口系统的实时监控和控制，进一步提高其性能和应用效果。

5. 高性能计算技术

高性能计算技术是实现脑机接口系统大规模数据分析和实时信号处理

的关键。通过利用高性能计算机集群,可以实现对多个脑电信号源的并行计算,提高数据处理效率和速度。此外,高性能计算技术还可以支持复杂的计算机视觉算法,从而提高精度和准确性。

第四节　脑机接口技术应用前景展望

笔者通过调研脑机接口技术的应用情况后认为,脑机接口技术的应用方向有以下五大类:

(1) 监测类,如使用脑机接口系统监测濒危病人的意识状态。

(2) 替代类,如使用脑机接口系统的输出,取代由于损伤或疾病而丧失的自然输出。

(3) 改善/恢复类,这类主要针对医疗康复领域,比如改善某种疾病的症状或者恢复人体的某种功能。

(4) 增强类,主要是针对健康人而言,实现人体机能的提升和扩展。

(5) 补充类,主要针对控制领域,增加脑控方式,作为传统单一控制方法的补充,实现多模态控制。

围绕上述五大类应用,脑机接口技术的应用场景可以分为医疗健康领域和非医疗健康领域。

一、脑机接口技术+医疗健康

医疗健康领域是脑机接口技术最大、最直接、商业化程度最高的应用领域。脑机接口技术开辟了非传统的大脑信息导出通道,实现了大脑与外围设备的直接互动。目前,医疗健康领域的应用主要集中在"监测""改善/恢复""替代"和"增强"四大功效上,且主要是以输出为主的脑机接口成果。

"监测"是指通过脑机接口系统完成对人体神经系统状态的实时监控与测量。例如,将脑机接口技术用于陷入深度昏迷的患者,可以帮助测量并评定其意识等级。又如，对于存在视听觉障碍的患者，视听觉诱发类脑机接口技术可用于测量患者神经通路状态，协助医生定位视/听觉障碍成因。

"改善/恢复"主要针对多动症、中风、癫痫等疾病，做对应的恢复训练。例如，对于感觉运动皮层相关部位受损的中风病人，脑机接口可以从受损的皮层区采集信号，刺激失能肌肉或控制矫形器，进而改善手臂运动。

"替代"主要针对因为损伤或疾病而丧失某种功能的患者。例如，丧失说话能力的人通过脑机接口输出文字，或通过语音合成器发声。又如，脊髓侧索硬化症患者、重症肌无力患者以及因事故导致高位截瘫的患者等重度运动障碍患者群体，可通过脑机接口系统将自己脑中所想的信息传达出来。

"增强"主要是指将芯片植入大脑，以增强记忆、推动人脑和计算设备的直接连接等。目前，埃伦·马斯克（Elon Musk）的脑机接口公司Neuralink正在做这方面的研究。

除此而外，基于脑深部电刺激术（deep brain stimulation，DBS）、经颅磁刺激（transcranial magnetic simulation，TMS）、经颅直流电刺激（tanscranial direct current stimulation，tDCS）、经颅交流电刺激（transcranial alternating current stimulation，tACS）、经颅超声刺激（transcranial ultrasound stimulation，TUS）等刺激的以输入为主的脑机接口有神经调控的功效，可用于帕金森病、癫痫、轻度认知障碍、阿尔茨海默病、焦虑障碍、抑郁症、创伤后应激障碍和强迫症等的治疗与康复。

二、脑机接口技术+非医疗健康领域

在非医疗健康领域，脑机接口技术在娱乐、交通、智能家居、军事等领域也有广泛的应用前景。

在娱乐领域，脑机接口技术集中在"补充"方向。例如，脑机接口为游戏玩家提供了独立于传统游戏控制方式之外的新的操作维度，可以用意念来控制虚拟现实界面的菜单导航和选项控制，也就是玩家可以通过脑机接口技术来完成游戏的控制命令，而无须任何肢体动作，仅凭意识进行操作，提供一种全新的娱乐方式，极大地丰富了游戏内涵并提升了游戏体验。

在交通领域，脑机接口技术集中在"监测"方向。一是脑机接口技术可以应用在驾驶员的生理和心理检测上，通过检测驾驶员的生理和心理状态，司机可以得到各种健康数据。二是脑机接口技术可以通过传感器和摄像机收集驾驶员的观察、反应和决策数据，用于分析驾驶员对交通信号的理解和反应。三是脑机接口技术还可以用于自动驾驶系统，即可以通过对驾驶者大脑能量、脑电波产生的变化等数据的辨识和区分，推断出人的意图并做出相应的驾驶决策，从而进一步提高驾驶的安全性和便利性。

在智能家居领域，脑机接口的应用主要集中在"补充"方向。智能家居是脑机接口与物联网（internet of things，IoT）跨领域结合的一大想象空间。例如，在这一应用方向，脑机接口类似于"遥控器"，可帮助人们用意念控制开关灯、门和窗帘等，还可以控制家庭服务机器人。

在军事领域，脑机接口在军事领域的应用主要集中在"替代"和"增强"方向。脑机接口系统可以协助操控各类无人装备，代替人类战士深入危险地区或高危场合执行任务。脑控武器是军事武器自动化和智能化的一个重要发展方向。利用脑控和手控相结合，发挥士兵个体控制的最大潜能，是武器研制和使用的智能化目标。脑控外骨骼是提升单兵作战能力的最有效手段之一，将机械外骨骼附着在人体外部，人脑利用想象思维控制外骨骼的运动和动作，可增加单兵作战的力量、速度和准确度，这是脑控外骨骼的最终目标。动物侦察兵是利用动物自身的觅食和生存能力，充分发挥其运动和侦察本领。将脑控芯片植入后，由人类远程控制动物的行动和侦察路线，可延伸人类的侦察范围和时间。此外，可以借助脑机接口进行更高效、更保密的军事通信以及提高作战人员的认知能力。

国际上也在将脑机接口技术用于对健康人群的"增强"和"补充"

中，以实现人体机能的扩展。比如，澳大利亚的 SmartCap 公司通过在棒球帽内植入电极，可以实时监测用户的疲劳状态等。

第五节　脑机接口技术发展面临的问题与挑战

脑机接口技术虽然发展迅速，但存在亟须攻克的难关，其中既包括技术攻关难题，也包括社会伦理难题。

一、在技术层面面临的难题

一是如何处理嘈杂电信号、获得更多更准确脑信号的难题。一方面，人类大脑是一个十分复杂的器官，它所产生的脑电信号非常微弱，只有其中很小的一部分才与人类的思维、意识等相关，且常常受到噪声的干扰。因此，研发有效信号滤波和特征提取等技术显得十分重要，否则就无法准确地采集有用的信号/信息。另一方面，由于人体的大脑结构和能力具有一定的差异性，因此需要研究更具有个性化、适应性的信号采集与分析的方式方法，以便最大限度地提高采集信号的准确性和实用性。此外，对于植入式脑机接口来说，虽然它比非植入式脑机接口更容易获得较为精准的脑信号，但是植入的电极极有可能对人体引起不同程度的免疫反应或者组织损伤，导致植入电极在时间上存在不稳定性，脑组织也会退化，这就会引起脑电信号质量的下降。因此，如何解决植入式电极的安全性以及长期使用中的稳定性难题，也是当前该领域的研究热点。

二是如何识别、分析、理解脑机接口所采集到的不同种类、不同模式的脑电信号，精准理解大脑的思想或者意图，并在此基础上将脑信号转化为有用的信息，这是需要重点攻克的难题。当前，业界普遍认为高效的解码技术可以破解这一难题。这是因为高效的解码技术可以提高信号处理的准确性和效率，提升脑机接口系统的性能。尤其是人工智能算法，目前已经发展为脑机接口解编码的关键技术，对于识别和解释脑信号并转换成相应的命令具有决定性作用，但并不是所有的算法技术都完全适应脑机接口应用。比如，有些人工智能算法虽然准确率较高，但计算复杂度也较高，常会导致信号处理的实时性较差，从而影响了用户体验。又如，人脑信号的采集和处理往往受到多种因素的影响，但目前的算法对于处理干扰因素的鲁棒性较差。

三是人机交互界面友好性难题。目前，市场上的脑机接口设备一般还需要对用户进行较长时间的训练，这种训练属于额外的程序，只有这样，才能使用户形成高度集中的注意力，从而产生足够强的脑信号才可以被植入的电极所采集。但是这种训练很容易使用户产生不适感、疲劳感，甚至会因屡次失败而产生失望感、绝望感。根据相关统计，大约有20%的人群即便经过训练也无法生成特征电位，也就是说这些人不具备使用特定类型的脑机接口系统的生理特征。再如，对于文字输入领域的脑机接口，用户一般需要1~5个月的时间去训练，但是即便训练后，也只能达到70%左右的准确率。这也说明脑机交互界面具有使用困难、反应滞后等低效现象。

值得说明的是，如要从技术层面解决上述三大难题，单一领域单打独斗的模式几乎不可能，需要不同领域的专家学者以及研究人员跨学科协作才能完成。其中，既需要神经科学和生理学领域的专家开展大脑结构和功能的研究，以便理解脑活动模式和信号传递过程的机理；也需要生物医学工程、材料科学等领域研究人员的参与，以保障植入式电极和信号传递设备的稳定性以及植入过程的安全性；更需要人工智能领域的专家开发出更加优化的算法，以便精准识别脑信号并将脑信号转换为可执行的命令。

二、在伦理层面面临的难题

除技术难题外，实际上脑机接口作为新理念，其开发和应用还需要解决社会伦理问题，考虑是否合情合理合规等。

一是高性能与高风险之间如何平衡的难题。提高脑机接口性能和信号精度的主要手段是采用植入式脑机接口，但是这种植入技术有创伤，长期植入体内会对大脑产生影响。此外，人体也会对大脑中设备或者元器件造成腐蚀等，从而影响信息传输的准确性和信号质量。因此，如何兼顾脑机接口的高性能与人体损坏的高风险难题成为一个重要命题。

二是高成本与公平性之间如何平衡的难题。目前，脑机接口作为全新的理念，被视为医疗健康、教育、游戏、智能家居等行业经济发展的新增长极。受限于当前的技术发展水平，产业界还需要继续投入大量研发资金。目前部署脑机接口技术的成本十分高昂，尤其是植入式脑机接口的使用成本尤其高，这直接导致部分确有需求（如残障人士），经济条件又不好的群体并不能享受到脑机接口带来的红利，因此需要不断推进技术的发展、不断降低研发投入成本，使这一技术实现普适化。

三是治疗与增强之间的平衡难题。脑机接口技术在医疗领域既可用于治疗，也可用于增强，但两个需求有显著差异。对于"治疗"场景属于雪中送炭，但对于"增强"场景则属于锦上添花，因此产业界一般将"治疗"放在优于"增强"的位置，脑机接口的直接意义或初始价值也在于"治疗"。如果一味强调"治疗"，则会削弱脑机接口技术发展的动力。并且，有些场景（如用于"治疗"注意力不集中的智能头环）既有"治疗"属性，也有"增强"属性，二者之间的界限十分模糊。因此，如何既坚持"治疗"优于"增强"，又保持"增强"功能研发的动力，是业界需要努力平衡的关键因素。

四是隐私保护难题。对于高性能的脑机接口产品来说，它具备全面且精准地采集大脑数据的能力，能够准确掌握人类大脑的意识、思维和想法，并进行引导性行为动作。这就是为什么业界常说脑机接口是一种"读心术"，但是这种"读心术"就意味着一个人内心深处的想法，不管本人是否愿意公开，都可以通过引导行为动作表现出来，也就是人一旦接入脑机接口，就没有一点隐私权。但若是与此形成对立面，过分强调个人隐私保护，那么也会面临在"治疗"和"增强"使用中无法"对症施治"。因此，如何区分开可公开的隐私与不可公开的隐私，区别对待个人不同性质的隐私，是影响脑机接口的使用效果的另一大因素。此外，对于一些智力有障碍的群体，也会面临知情同意方面的难题。例如，智力有障碍人群难以全面理解使用 BCI 的利弊风险，言语有障碍的人群难以清晰地表达个人意愿。

第六章

6G 技术与应用

第一节 6G 概述

一、6G 的定义

第六代移动通信系统（6th generation mobile networks 或 6th generation-wireless systems）即 6G，是指第六代移动通信技术，是 5G 系统的延伸。

基于 2G 到 3G、3G 到 4G、4G 到 5G 等数轮移动通信技术更新换代的经验，6G 的大多数性能指标相比 5G 将提升 10~100 倍。实践证明，5G 网络速率是 4G 的 10~20 倍，可实现 3 秒内下载完成 1 部 1GB 的高清视频。而 6G 可实现 1 秒下载 10 部同类型高清视频。

业界普遍认为，6G 将是一个地面无线与卫星通信集成的全连接世界。将卫星通信整合到 6G 移动通信，可以实现全球无缝覆盖，网络信号能够抵达任何一个偏远的乡村，深处山区的病人将能接受远程医疗，孩子们将能接受远程教育。

此外，在全球卫星定位系统、电信卫星系统、地球图像卫星系统和 6G 的联动支持下，地空全覆盖网络还能帮助人类预测天气、快速应对自然灾害等。

二、6G 的特点

相比 5G，6G 是一种更快、更智能、更安全的无线通信网络，可以提供更快的数据传输速度、更低的延迟和更大的网络容量。6G 比起 5G，主要有以下特点：

（1）高频段使用。6G 将使用更高频段的频率，如毫米波、太赫兹

（THz）等，以便提供更大的带宽和更快的数据传输速度。

（2）多天线技术。6G 将使用更多的天线和更复杂的天线设计，以提高网络容量和覆盖范围。

（3）AI 技术。6G 将使用人工智能技术来优化网络性能和资源分配，从而提高网络效率和用户体验。

（4）安全性提高。6G 将加强安全性和隐私保护，防止数据泄露和网络攻击。

（5）全球协作。6G 需要全球合作和标准化，以确保不同国家和地区的设备和技术可以互通互用。

三、6G 与 5G 的区别

6G 作为 5G 的升级版本，主要针对当前 5G 网络的局限性和不足进行完善。从技术层面看，6G 和 5G 主要有以下六大区别：

（1）频段使用不同。5G 主要使用低频段和中频段的频率，而 6G 则将使用更高频段的频率，如毫米波、太赫兹等，这些高频段频率的使用将使 6G 具有更大的带宽和更快的传输速度。

（2）数据传输速度不同。5G 的最大理论传输速度为 20Gbps，而 6G 的预计传输速度将超过 1Tbps。这意味着在 6G 下，用户不仅可以更快地下载、上传和传输数据，也可以支持更高清晰度的视频和更复杂的虚拟现实应用。

（3）网络容量不同。6G 将具有更高的网络容量，可以同时连接更多的设备，这将使其适用于更广泛的应用场景。6G 还将引入更多的多天线技术和空中时分多址技术，以提高网络容量。

（4）延迟差异。5G 的延迟时间大约为 1 毫秒，而 6G 的预计延迟时间为 0.1 毫秒，这意味着 6G 将能够支持更高的实时性应用，如自动驾驶汽车和远程医疗。

（5）AI 技术使用。6G 将广泛应用人工智能技术，通过对网络的智能优化，提高网络效率和用户体验。例如，6G 将能够自适应网络拓扑结构、动态分配网络资源和自我优化等。

（6）安全性能不同。6G 将具有更高的安全性和隐私保护，包括更强大的加密技术、更高效的身份验证和更严格的数据保护措施，以确保网络安全和用户隐私。

四、衡量 6G 的关键指标

（1）峰值传输速度达到 100Gbps～1Tbps，而 5G 仅为 10Gpbs。

（2）室内定位精度达到 10 厘米，室外为 1 米，相比 5G 提高了 10 倍。

（3）通信时延 0.1 毫秒，是 5G 的 1/10。

（4）中断概率小于百万分之一，拥有超高可靠性。

（5）连接设备密度达到每立方米过百个，拥有超高密度。

（6）采用太赫兹（THz）频段通信，网络容量大幅提升。

（7）从覆盖范围上看，6G 无线网络不再局限于地面，而将实现地面、卫星和机载网络的无缝连接，与人工智能、机器学习深度融合，智能程度大幅度跃升。

（8）从定位精度上看，传统的 GPS 和蜂窝多点定位精度有限，难以实现室内物品精准部署，6G 则足以实现对物联网设备的高精度定位。

第二节　全球 6G 技术发展现状

在我国已建成全球规模最大、技术领先的 5G 网络的大背景下，6G 已经成为全球主要国家的研究热点。欧盟、美国、日本、韩国等国（组织）加快推进 6G 研究，旨在积极争夺 6G 发展主导权。其中，美国成立"去中国化"的 Next G 联盟，与盟友深度合作推进 6G 研发，旨在改变我国 5G 全球领先地位；欧盟加大 6G 项目资金投入；日韩制定国家战略，全面布局 6G 研究。我国已于 2019 年成立 IMT-2030（6G）推进组，开始系统化推进 6G 愿景需求、关键技术、频谱规划、标准及国际合作等各项工作。

一、国际标准化组织

国际电信联盟（ITU）方面，2022年3月，国际电信联盟无线电通信部门第五研究组5D工作组（ITU-R WP5D）决定启动面向2030年及未来的6G研究工作，并初步明确了6G国际标准工作计划，目前正在开展未来技术趋势和愿景需求的研究工作。2022年6月，国际电信联盟无线电通信部门第五研究组5D工作组（ITU-R WP5D）完成了《面向2030及未来技术趋势研究报告》的撰写工作，这是ITU组织撰写的首份面向2030年及以后IMT无线技术发展趋势的研究报告。报告显示，6G将以可持续发展的方式延伸移动通信能力边界，创新构建"超级无线宽带、极其可靠通信、超大规模连接、普惠智能服务、通信感知融合"五大典型应用场景，全面引领经济社会数字化智能化绿色化转型。

第三代合作伙伴计划（3GPP）方面，2022年3月，全球5G标准的第三个版本3 GPP Release 17完成第三阶段的功能性冻结（完成系统设计）。从3GPP Release 18开始，开始进入5G增强阶段（5G Advanced），为6G国际标准的研制做准备。6G技术预研与国际标准化工作预计在2025年后启动，2030年前将完成6G基础版本标准研制并启动6G商用。

从ITU和3GPP的标准工作计划来看，当前是6G概念和关键技术形成的重要时期。因此，各主要国家均积极向ITU输出最新研究成果，并通过白皮书等形式发布对6G的观点，试图引导全球6G发展走向。

二、美国6G发展情况

美国政府、产业界、智库机构等6G产业链相关主体均在大力推动6G研发。相关报告数据显示，截至2024年1月，美国6G核心专利约占全球的18%，位列第二。总体来看，美国主要从以下四方面入手，加快6G的战略布局：

一是开放6G试验频谱，大力推动太赫兹等潜在技术方向研究。2019年3月，美国联邦通信委员会（Federal Communications Commission，FCC）

率先开放 95GHz~3THz 频段的太赫兹频谱，主要用于 6G 技术试验验证研究。2022 年 3 月，美国是德科技（Keysight Technologies）获得 FCC 颁发的首个 6G 试验牌照。该公司致力于研发基于亚太赫兹频段的数字孪生、扩展现实等应用。此外，由美国国防部牵头联合产业界共同投资成立的太赫兹与感知融合技术研究中心（ComSenTer），有伯克利大学、纽约大学、斯坦福大学等三十多所大学参与，共同开展太赫兹通信技术研究。

二是加强与盟友合作，企图抢夺 6G 发展主导权。2021 年 4 月，在日本首相菅义伟访美期间，美日宣布将共同投资 45 亿美元推动在 6G 及网络安全方面的合作，包括 6G 技术试验、标准研究等。2021 年 5 月，韩美举行首脑会谈，双方在 6G、半导体等产业加强合作研究方面达成了共识；会上韩国信息通信企划评价院（IITP）与美国国家科学基金会（NSF）签署了 6G 合作研究协议。与此同时，美国电信行业解决方案联盟（ATIS）牵头成立了 Next G 联盟，广泛邀请欧日韩等国（地区）的主流 ICT 企业共同参与，以推动 6G 技术、网络、应用等层面达成发展共识，实现从 6G 研发、测试到商用全流程合作，唯独将我国企业排除在外。Next G 联盟于 2022 年 2 月发布了《6G 路线图：构建北美 6G 领导力基础》，确立 6G 远景目标、技术方向和发展路线，强调政府应从政策举措、资金支持、科研项目设立等方面推动 6G 研究。此外，ATIS 联盟还先后与欧盟 6G 智能网络和服务行业协会（6G-IA）、日本 B5G 促进联盟、韩国 5G 论坛等国际 6G 推进组织签署了《谅解备忘录》，合作开展 6G 研究。这些组织组建"去中国化"的 6G 研发"小圈子"的战略意图十分明显。2023 年 6 月，美国和英国联合发布《二十一世纪美英经济伙伴关系大西洋宣言》，宣布将在 6G 等关键和新兴技术领域加强合作，包括共同制定愿景，深化在 5G 及 6G 解决方案领域的技术创新合作，推进联合研发项目。

三是多形式多渠道加大 6G 技术研发力度。2021 年 12 月，美国通过了《未来网络法案》。该法案要求美国联邦通信委员会建立 6G 工作组，明确 6G 工作组应由政府、通信设备商、运营商等相关主体构成，主要职责是向美国国会提交与 6G 国际标准、建设部署、产业链、供应链等相关的报告。2022 年 1 月，美国联邦通信委员会成立了技术咨询委员会（Technical Advisory Council，TAC），全面负责指导人工智能、6G 等前沿技术的研究。其中，在 6G 领域，重点关注新型频谱共享和新型无线通信等技术。2023 年 4 月，美国政府召集学术界、工业界、社会组织、政府部门、参众两院等代表在白宫召开 6G 研讨会，并以美国国家安全委员会（National Security Council，NSC）名义发布关于 6G 设计原则的报告，在技术可信及国家安全、开放及互操作、安全及隐私保护、成本可控及可持续发展、频率及制造、标准及国际合作六个方面阐述了对 6G 设计原则的考虑，强调 6G 应建立在与美国及其盟友价值观相符的技术标准之上。2023 年 5 月，Next G 联盟发布《6G：创新和投资的下一个前沿》倡议书，指出 6G 作为下一代移动通信技术将定义 2030 年以后的国际经济格局。此外，倡议书认为，当前是强化政府、行业和学术界合作以保持美国未来领先优势的关键时刻，呼吁国会和政府充分资助已有的 6G 法案，并启动 6G 立法新进程，强化美国在无线技术创新领域的领导者地位。

四是智库机构与产业界齐发力，合力推动 6G 研究。在智库建设方面，2021 年 3 月，美国战略与国际研究中心（Center for Strategic and International Studies，CSIS）发布报告《美国加速 5G 发展》，提出政府应通过加强对 6G 技术的财政支持和强化与盟友的技术合作来保持国际竞争力。2021 年 12 月，新美国安全中心（CAS）发布报告《边缘网络，核心策略：保护美国的 6G 未来》，报告总结了美国推动 5G 发展的"经验教训"，从战略制定、投资研发、设立专门机构、人才培养等方面对加强美国未来 6G 竞争力提出了相应建议。在产业界，美国的优势之一是强大的产业合作能力。目前，高通、苹果和英特尔等全球知名企业都加大了对 6G 技术的研发投入，且美国的科技巨头们经常进行技术合作和联合研发，通过资源整合和技术交流推动 6G 技术的快速发展。这种紧密的产业合作网络为美国在 6G 领域的研发提供了独特优势。

三、日本 6G 发展情况

日本作为科技创新强国，在 5G 和 6G 领域均紧紧跟进世界潮流，积极发展相关技术。截至 2024 年 1 月，日本的 6G 核心专利全球占比达 13%，位居全球第三，这表明了日本在 6G 领域的技术实力和竞争力。日本的 5G 相关技术领域在国际上的存在感很弱，因此大力发展 6G，旨在通过 6G 技术，再次获得在移动通信领域的主导权，尽快打造一个利于本国发展的商业以及技术环境。

2020 年 6 月，日本总务省公布了"超越 5G 推进战略——迈向 6G 的路线图"，从该路线图可以看到，日本预计在 2030 年实现 6G 导入的基本措施。日本所追求的 6G 是 5G 的延伸，通信速度将达到 5G 的 10 倍、延迟是 5G 的 1/10、连接数是 5G 的 10 倍。日本还要求"超低电量消耗"，即 6G 将是 5G 电量消耗的 1%。

此外，日本提出了安全性以及灾难发生时的对应要求，并提出了网络"自主性"和通信"扩张性"的理念，即可以利用人工智能，自主连接各种设备，并可通过卫星或者 HAPS 等通信系统，实现陆海空以及宇宙的实时通信。

日本推进超越 5G 战略的特点是"摆脱国内先行，转而全球先行"。这里需要说明的是，日本的 5G 发展是以国内为主导，但是这种做法已经让日本失去了国际先机。此时考虑到国际关系等因素，日本在 6G 战略中将"全球先行"作为一个基本策略。从后续的路线图可以看出，2025 年的大阪世界博览会将会是日本向世界展示 6G 技术的绝佳窗口。而日本在制定策略时，同样考虑到了此点，在推进计划当中重点标注了 2025 年 4—10 月份。

在政策方面，日本采取多项政策措施推动 6G 研发。在项目布局方面，日本 2021 年 1 月发布 B5G（Beyond 5G）推进项目征集，确定了 B5G 技术研发项目、国际合作研究计划以及创新研发项目这三类项目研发计划。

在组织管理方面，为推动 6G 发展，日本在 2020 年 12 月 18 日成立了

"B5G 推进联盟",目的是增强日本在 B5G 领域的国际竞争力;同时成立"B5G 新经营战略中心",致力于通过产学官合作实现 5G 标准化和知识产权战略。依托原有的 5G 和新成立的机构,日本建立了完备的 B5G 推进体制。日本政府不仅投入大量资金支持 6G 技术研发,还将投入 200 亿日元建立官民公共研究平台,免费为民营企业等提供支撑。

在人才培养方面,日本通过开展挑战赛事、奖金激励、设立人才储备库等方式吸引、培养创新人才。在国际合作方面,日本积极与美国、荷兰开展 6G 技术联合研发。此外,B5G 推进联盟分别与北美 Next G 联盟和欧盟 6G 旗舰项目 Hexa-X 签署了合作协议。

四、欧洲国家 6G 发展总体情况

欧洲 6G 相关研发专利总数约占全球的 13%,落后于我国与美国,与日本大体相当,位居全球第三。欧洲推进 6G 研发,具有以下两大特征:

一是欧洲国家通过设立 6G 相关研发项目加大 6G 财政资金投入,同时通过公私合作积极推进 6G 研发。2017 年,欧盟启动了包括纠错码、信道编码、调制技术等在内的 6G 基础技术研究项目。2018 年,芬兰国家技术研究中心联合奥卢大学、诺基亚公司等,投资 2.9 亿美元,用于研究 6G 愿景、挑战、应用和技术方案等,研究周期为 8 年。2020 年,欧盟推出 2021—2027 年的科研资助框架"欧洲地平线",主要用于下一代移动通信网络等六大关键技术研究。在此基础上,欧盟在 2021 年 1 月正式启动 6G 旗舰项目 Hexa-X。Hexa-X 项目由诺基亚负责,联合了高等院校、科研机构、基础电信运营商、设备供应商等 20 多家机构,合作开展 6G 智能连接、多网聚合、可持续性、全球服务覆盖、极致体验和安全性等领域的研究,整个项目的实施周期为 2.5 年。2021 年 2 月,欧盟通过立法提案,决定由欧盟联合私营企业资助设立"智能网络和服务联合伙伴"项目(Smart Network and Services Joint Undertaking,SNS-JU),用于构建服务全欧洲的 6G 试验性基础设施。目前,该计划已分别于 2022 年 10 月和 2023 年 1 月启动了两批次项目。此外,欧盟成立了 6G-IA 作为欧洲下一代移动通

信网络与业务研究的重要平台。该平台汇聚了欧洲运营商、制造商、研究机构、垂直行业等多方参与者，共同开展面向超五代移动通信（Beyond 5G，B5G）及 6G 的技术研发、试验验证、标准研制、频谱规划等研究。

二是欧洲国家普遍采用设立研究中心、提供财政支持、进行国际合作等手段，强力推动 6G 研究。比如，英国由布里斯托大学和伦敦国王学院联合成立了 6G Futures 研究中心，该中心汇集通信、计算机、人工智能、社会科学等领域的多名专家，在推动 6G 技术研究的同时，更加注重 6G 在医疗、能源、交通等垂直行业的应用场景研究。再如，德国主要以大学、研究机构为主体，强化与工业企业之间的合作，旨在加快推动 6G 技术向场景应用落地。

举例说明，德国联邦教育和研究部（BBF）计划在 2025 年前提供 7 亿欧元资助 6G 研究，通过资助成立 6G 研究中心和 6G 项目平台促进 6G 技术、标准、核心元器件等的研发，目前已资助成立 4 个 6G 研发中心。2018 年，奥卢大学启动 6G 旗舰研究计划（6G flagship research program），该计划将无线连接解决方案、器件和电路、分布式智能、生态系统作为四大战略研究领域，并积极与日本、新加坡进行合作研究。2019 年 9 月，奥卢大学发布全球首份 6G 白皮书《6G 泛在无线智能的关键驱动因素及其研究挑战》，以"泛在无线智能"为精髓奠定了 6G 研究基础。

五、我国 6G 发展现状

最新统计数据显示，我国 6G 核心专利占比达到了 35%，排名全球第一。这一数据充分展示了我国在 6G 技术研发方面的强大实力和领先地位。目前，我国已经前瞻性启动了 6G 研究，在政策支持、技术研究、标准推进、技术试验、国际合作等多方面采取有力举措，扎实推动 6G 发展。

在政策文件方面，2021 年以来，我国先后发布了《中华人民共和国国民经济和社会发展第十四个五年规划和 2035 年远景目标纲要》《"十四五"信息通信行业发展规划》《"十四五"数字经济发展规划》《"十四五"国家信息化规划》等文件，提出要"前瞻布局 6G 网络技术储备""开展 6G 基础理论及关键技术研发，构建 6G 愿景、典型应用场景和关键能力指标体系，鼓励企业深入开展 6G 潜在技术研究""积极参与 6G 标准研究，形成一批 6G 核心研究成果""前瞻布局第六代移动通信（6G）网络技术储备，加大 6G 技术研发支持力度，积极参与推动 6G 国际标准化工作""加强新型网络基础架构和 6G 研究，加快地面无线与卫星通信融合、太赫兹通信等关键技术研发"。

在技术研究方面，2019 年 6 月，工业和信息化部会同国家发展和改革委员会、科学技术部指导产业界成立了 IMT-2030（6G）推进组（即"6G 推进组"），作为我国推进 6G 发展的主要产业平台，联合产、学、研各方力量在 6G 愿景需求、技术研发、试验验证、国际合作等方面持续推动 6G 发展。6G 推进组发布了《6G 总体愿景与潜在关键技术白皮书》等，提出了 6G 总体愿景、典型场景、关键能力指标，展现了产业界对 6G 发展目标如何实现的阶段性思考，凝聚了业界关于 6G 发展的广泛共识。在国际电信联盟于 2023 年 6 月完成的 6G 纲领性文件《IMT 面向 2030 及未来发展的框架和总体目标建议书》中，我国提出的 5 类典型场景和 14 项关键能力指标等核心研究成果被纳入其中。6G 推进组联合产业界开展系统整体架构、新型无线技术、新型网络技术等 6G 潜在关键技术研究，持续发布系列研究报告，有力推动形成 6G 创新发展共识。2022 年 8 月，6G 推进组启动 6G 技术试验，针对太赫兹通信、通信感知一体化、智能超表面 3 项无线关键技术和算力网络、分布式自治网络 2 项网络关键技术开展测试。2022 年 11 月，6G 推进组启动了面向 6G 的关键技术全球征集，针对技术跨域融合发展趋势带来的 6G 技术创新难度大、更新速度快等挑战，面向全球高等院校、科研院所、科技企业、推进组织等开展 6G 潜在关键技术征集。同时，积极参与国际电信联盟相关研讨会，输出我国 6G 研究成果，支撑国际电信联盟完成《面向 2030 及未来 IMT 技术趋势报告》，推动我国技术研究纳入 6G 总体框架，助力全球 6G 技术产业发展。

在国际合作方面，6G 推进组已与欧洲 6G-IA 和韩国 5G 论坛等产业组织签署了合作意向，在 6G 愿景需求、技术研究等领域开展合作，共同发布研究成果。2022年6月，6G推进组与6G-IA签署了《6G合作备忘录》。2023年5月，6G推进组与6G-IA共同举办了6G研讨会，双方组织成员代表就6G愿景需求、技术趋势等热点议题进行了深入交流。

第三节　6G核心技术体系

要满足未来6G网络的性能需求，就需要引入新的关键技术。目前业界讨论较多的技术方向主要包括超大规模天线、新型双工等传统物理层增强技术，太赫兹等新型频谱使用技术，智能超表面等创新型关键技术，以及通信感知一体化、无线人工智能等融合技术，为用户提供更加丰富的业务和应用。

一、超大规模天线

经过十多年的发展，通信用天线、芯片等集成度大幅提升，在不增加尺寸、设备重量以及功耗可控的前提下，天线阵列（multi-input multi-output，MIMU）的规模一直在持续增大。目前，大规模MIMO技术在理论研究和系统设计方面都取得了显著的成果，并且在5G新空口中标准化开始大规模商用。而超大规模天线也在大规模天线基础上，不断向前演进。

众所周知，6G系统对频谱效率、峰值速率等方面的要求更高，通过部署超大规模天线阵列，可以采用智能反射面（intelligent reflecting surface，IRS）、平面透射表面、纳米天线阵列等新材料、新结构，也可以引入新的信息处理方式方法，还可以提供具有极高空间分辨率和处理增益的空间波束，从而提高网络的多用户复用能力和干扰抑制能力，最终获得更高的频谱效率和能量效率。同时，超大规模天线阵列还具有极高的空间分辨能力，能够实现三维精准定位、目标空间姿态信息获取，具备在三维空间内进行波束调整的能力。因此，部署超大规模天线阵列成为6G技术研发的热点。

从细分类型来看，超大规模 MIMO 主要有两种：集中式和分布式。其中，集中式超大规模 MIMO 主要通过引入新材料、新工艺（如平面反射、透射阵列等技术）构建具有上千单元规模的集中式天线阵列来满足超远距离覆盖、超高频谱效率的需求；而分布式超大规模 MIMO 结合了大规模 MIMO 和分布式 MIMO 的技术优势，可显著提升系统频谱效率，改善边缘覆盖。分布式和集中式超大规模 MIMO 的关键技术主要包括球面与非平稳信道建模、高精度信道状态信息获取、波束管理、预处理和接收检测等。深度学习技术在超大规模 MIMO 技术中的波束管理、信道压缩和反馈、链路自适应等方面目前也展现出了应用潜力。

超大规模 MIMO 是 6G 重要的研究方向之一，但其应用也面临着以下两方面挑战：

一方面，随着天线规模的增加，天线的成本、功耗、体积、重量将不可避免地随之增高，如果不能有效控制超大规模 MIMO 的能耗、成本等，其应用和部署将受到"双碳""节能减排"等政策的限制。集中式超大规模 MIMO 的高精度信道状态信息获取、波束管理、预处理和接收检测等关键过程的开销及复杂度都跟天线规模成正比，超大的天线规模将导致网络和终端在实际实现时面临挑战。理论分析的结果表明，在天线总数、发射总功率、覆盖范围等相同的条件下，由于分布式超大规模 MIMO 系统始终存在更接近用户的分布式节点，同时利用调度、赋形的智能协作，使其性能较之集中式超大规模 MIMO 系统更为均匀，特别是对于边缘用户其性能增益更为显著。但由于分布式超大规模 MIMO 系统的天线规模、节点数要比集中式超大规模 MIMO 系统显著增多，因此对节点间信息交互能力、联合协作节点选择和赋形方案设计、算法复杂度、干扰处理等提出了挑战。同时，相干联合发送对节点之间收发通道的一致性提出了更高要求，需要进一步研究空口校准方案。

另一方面，如果采用新型的阵列结构，传统的实现多路空间复用的传输方案、波束管理方案等都不能直接使用，需要重新研究和设计。尽管深度学习技术对解决超大规模 MIMO 所面临的部分技术挑战展现了潜力，但是其稳定性和泛化性又是其自身面临的挑战。通信网络对可靠性的要求极高，如果深度学习模型在运行过程中的数据分布与训练时的数据分布不同，模型可能会失效，导致通信链路的中断。鉴于此，目前业界在超大规模天线阵列方面，聚焦于以下五方面研究：

（1）在研究扩大阵列规模对通信系统指标影响的基础上，聚焦开展低功耗、高能量效率、更高频段的新型天线架构实现方案，以及与天线架构匹配的配套传输方案。

（2）建立性能与复杂度有效平衡研究，进而匹配非平稳和近场特性的通用信道模型，并在建模中考虑天线单元之间的耦合情况。探索低开销、低复杂度的信道状态信息获取、波束管理、预处理和接收检测算法。

（3）聚焦分析研究低成本分布式超大规模 MIMO 部署方案，研究先进的有线回程或者无线回程技术，研究通过空口实现的通道校准技术以及站点间时频同步技术。

（4）开展智能化超大规模 MIMO 研究，探索适用于无线网络的深度学习模型，研究泛化能力提升技术，提升模型在不同场景中的泛化性能。

（5）研究低功耗超大规模 MIMO 技术，从硬件工艺设计、系统设计和网络管理等多个维度研究降低超大规模 MIMO 功耗的技术方案。

二、太赫兹通信

太赫兹（terahertz，THz，又称太赫兹波）指位于 0.1THz～10THz 频率频段的电磁波，波长范围为 30μm～3m，在整个电磁波谱中位于微波和红外波频段之间。太赫兹通信是一种以太赫兹频段作为载波实现无线通信的技术，相比于 5G 的 Sub-6GHz 频段和毫米波频段，太赫兹频段频谱资源更加丰富。因此，太赫兹受到学术界的热烈关注，也受到欧、美、日等国家区域和组织的高度重视，是目前极具潜力的 6G 关键候选频谱技术之一，被视为实现 6G 太比特每秒通信速率的空口技术备选方案。

实际上，早在 20 年前，国际上就已经开始了太赫兹的技术研究。虽然研究相对稍晚，但我国以高校和科研院所为代表，也正在积极开展太赫兹技术相关研究，并以多种形式进行互通协作，形成了推动太赫兹技术研发和产业化的合力，目前整体已经接近世界先进水平。

从我国开展 6G 技术试验情况来看，当前我国正在推动光子学和电子学两种完全不同的太赫兹技术路线。其中，光子学方案是指在发送端利用光调制器生成光信号，再通过光耦合器将生成的光信号以及光本振信号进行拍频（拍频是指两个不同频率的简谐振动相加后出现的时间上的振幅变化），最终将生成的光信号转换为太赫兹信号，并通过透镜将太赫兹信号进行聚焦后发送出去；在接收端，首先通过射频前端将太赫兹信号转换成中频信号，然后利用将该中频信号调制成光信号，再利用光解调器进行解调译码。电子学方案是指在发送端首先通过调制生成基带信号，然后通过混频器将基带信号搬移到太赫兹频段；在接收端，通过混频器将太赫兹信号转换成低频的基带信号，再进行解调、译码。光子学太赫兹系统相比于电子学太赫兹系统可以实现更高的调制解调速率。因此，可以支持实时的更高数据传输，实时速率可以突破 100Gbps。但其发射功率较低，传输距离较近，通常只能传输百米以下距离，且造价昂贵。而电子学太赫兹系统可实现较高的发射功率，支持上千米的传输距离，但该方案受限于当前基带芯片的处理能力，还不能支持 10Gbps 以上更高的实时数据传输。

当前，我国开展太赫兹通信技术研究与应用还存在以下三大挑战，这也是需要产业界合力攻关的方向。

（1）成本过高。尤其是光子学太赫兹技术路线的系统成本高，市面上一套光子学太赫兹系统原型样机成本高达数百万元。尽管电子学器件价格相对较低，但是一套射频前端也达到了几十万元。综合来看，成本依然是限制太赫兹通信技术研发与应用的关键因素之一。

（2）基带处理能力难以满足 6G 时代超高的实时数据处理需求。当前，芯片基带信号处理能力大约只能响应 10Gbps 水平的实时数据传输需求，而更高速率只能通过离线换算获得。

（3）我国器件工程化产业化成熟度较低，且性能指标无法满足需求。比如目前国内大于 240GHz 高频段的功率放大器、低噪声放大器主要依赖国外进口,太赫兹天线相控阵也主要采用卡塞格伦天线。

除了上述三大挑战外,我国在太赫兹信道建模及其关键技术(如基带信号处理、超大规模天线设计、极窄波束管理、定向组网和通信感知一体化等)领域亟须突破。

(1)在太赫兹信道建模方面,由于 6G 时代会引入新频谱、新场景以及新天线架构等要素,因此需要对诸如体内、室内外、空天地海以及星间等典型的太赫兹无线通信场景进行建模。目前,传统的建模方式方法均难以权衡太赫兹无线通信场景的复杂度和准确性,因此无法满足 6G 应用场景的需求。

(2)在太赫兹超宽带基带信号处理方面,由于太赫兹通信具有传输速率高、频带宽、射频非理想特性的特点,因此对超宽带信号采集抽样、基带信号处理以及基带数字电路设计等均带来了较大冲击。在太赫兹超宽带基带信号处理方面,目前我国尤其需要突破低复杂度、低功耗的高速基带信号处理和集成电路设计技术,以便更好地满足太赫兹通信关于设备设施体积、功耗、复杂度等方面的要求。

(3)在超大规模 MIMO 及极窄波束管理方面,一方面,超大规模 MIMO 天线设计复杂度很高,且面临较大的远距离传输功率损耗,因此 MIMO 天线架构设计是较大难点;另一方面,太赫兹频段本身存在波束分裂效应、极窄波束高精度对准等难题,因此 6G 时代太赫兹通信也将面临波束对准开销大、阵列增益损失等挑战。

(4)在太赫兹定向组网方面,一方面,由于利用太赫兹传输信号,将面临直射径阻挡和高传输损耗等问题,因此 6G 时代太赫兹通信存在覆盖范围小和极窄定向组网波束管理等方面的难题;另一方面,在高密度高移动性网络中,存在移动设备频繁小区切换的问题,这给太赫兹组网的邻区发现和网络路由带来挑战。

三、无线 AI 技术

相比 5G,6G 作为新一代移动通信技术,更能推动实现万物互联、跨学科技术深度融合。目前，人工智能技术也进入了高速发展阶段，加速赋能各行业领域。受到 6G、AI 双重驱动，无线通信与 AI 技术正在加速趋向深度融合，并由此衍生出了新型技术，即无线 AI 技术。该技术主要体现在两方面：一是 AI 赋能通信，二是通信赋能 AI。其中，AI 赋能通信是指利用 AI 技术改进现有的无线通信系统性能指标，使无线通信在深度上实现更高的速率、更低的时延、更广的连接；AI 赋能通信主要涉及无线通信的物理层（如信道估计）、链路层（如资源分配）、应用层及网络层（如网络热点内容预测）。通信赋能 AI 则是指利用无线通信网络传输 AI 服务和智能应用所需的数据，在粒度上实现网络级的泛在智能，又可细分为集中式学习、分布式学习。

2018 年以后，越来越多的手机终端配置了嵌入式神经网络处理器，这为 6G 时代大范围应用无线 AI 技术提供了硬件层面的支持。为了规范 AI 模型的更新和相关数据的获取过程，在第三代合作伙伴计划中加入了网络数据分析功能，支持数据收集和分析；在 RAN 和 SA 工作组中分别设立了研究专项，开展数据采集与模型传输研究。这些工作为无线 AI 的标准化确立了基础。

（1）人工智能/机器学习（AI/ML）具备表征和重构未知无线信道环境、有效跟踪预测反馈信道状态、挖掘利用大状态空间内在统计特征的能力，可以大幅度提升物理层信号处理算法的性能。

（2）AI/ML 具备挖掘利用无线网络时空频通信、感知和计算资源，有效协调干扰，实现多用户、多目标、高维度、分布式、准全局优化调度的智能化决策能力。

（3）AI/ML 架构能够很好地与无线网络拓扑、无线传输接入协议、无线资源约束、无线分布式数据特征相适配，从而有潜力构建新型无线智能网络架构。在此基础上，进一步利用网络分布式算力和动态运力，自主适应无线网络分布式计算业务需求，实现网络资源高效利用、自主运行和智能服务。

（4）无线语义通信作为一种全新的智能通信架构，通过将用户对信息的需求和语义特征融入通信过程，有望显著提升通信效率，改进用户体验，解决基于比特的传统通信协议中存在的跨系统、跨协议、跨网络以及人机不兼容和难互通等问题。

（5）无线数据隐藏结构特征复杂，跨时空分布式小样本问题突出，无线数据集的构建、访问、训练、迁移及其隐私安全保障将显著影响无线 AI 系统的架构设计和算法部署。

当前，我国学术界和产业界对无线 AI 技术的研究、研发等主要围绕无线智能网络架构、无线智能空口、无线 AI 算法、无线 AI 数据集、无线语义通信等基础理论和关键技术展开。

未来，随着 AI 技术的进一步成熟，AI 产业将具有相当的规模。无线通信系统进入 6G 时代后，将大幅提升面向 AI 的开放度和支持度。无线通信系统的多个模块被无线 AI 模块取代已成必然趋势。在此发展趋势下，无线 AI 技术拥有广阔的产业前景。

四、智能超表面

智能超表面（RIS）是一种基础性创新技术，它采用可编程的新型亚波长二维超材料，通过数字编码对电磁波进行主动的智能调控，形成幅度、相位、极化和频率可控制电磁场。它能够突破传统无线信道不可控特性，实现主动控制无线传播环境，在三维空间中实现信号传播方向调控、增强或消除，抑制干扰并增强信号。目前，智能超表面技术已经发展成为构建 6G 智能可编程无线环境的新范式。近年来，我国在智能超表面技术领域已经组织开展了较大规模的研究布局，整体水平位居世界前列。

2021 年，我国基础电信运营企业分别针对 3.5GHz 频段、2.6GHz 频段、毫米波频段部署完成了基于智能超表面技术的 5G 外场测试。2022 年，IMT-2030（6G）推进组无线技术组开展了 6G 技术试验，其中一项重要工作是对智能超表面试验样机开展的测试验证，重点针对智能超表面在 L 型走廊、室内办公区和室外 MOS 场景等典型场景条件下的覆盖性能进行对测试。测试结果表明，在各种场景下，引入智能超表面均会带来一定的性能增益。但是，一方面，我国在智能超表面技术领域目前仍处于早期研究阶段，研发成果也仅支持半静态的调控，还无法满足动态波束调控需求；另一方面，目前的智能超表面单元均采用二极管调控，调控比特数较低，导致智能超表面口径效率低，存在较高的栅瓣，在多用户通信情况下可能会造成较严重的干扰。

总体来看，我国智能超表面技术虽然具有一定程度的自我反射以及投射能力，但能力水平还有很大的发展空间。如在超表面材料方面，半导体工艺较液晶工艺更为成熟，但成本偏高；在智能控制方面，智能超表面只能被动接收信号而无法主动感知周边信道环境以及定位终端与用户位置，实时控制能力仍待增强。未来智能超表面技术的发展与应用面临着四大挑战：一是智能超表面信道测量与建模，二是智能超表面信道评估与反馈，三是智能超表面波束赋形，四是智能超表面控制与网络架构。基于此，笔者判断，智能超表面未来的研究方向包括三大方面：智能超表面硬件架构及调控算法的研究、智能环境通信新理论和基带新算法的研究、无线网络新架构等。

（1）在智能超表面硬件架构及调控算法方面，主要研究包括探索具备针对电磁信号特性的独立控制单元器件；设计具有功能多样性的智能超表面阵列；探索紧密阵列，提高系统的空间分辨率、吞吐率和频谱效率；研究超高频段以及光频段智能超表面的硬件研究，扩展整体组网的灵活性；研究和设计智能超表面基础调控算法集合及其功能扩展的调控算法，灵活扩展智能超表面阵列的功能集合，拓展智能超表面新的应用场景。

（2）在智能环境通信新理论和基带新算法方面，主要研究包括探索智能环境无线通信系统架构及传输体系设计的基础理论和方法论；研究和开发高效的基带算法，以便更好地支持智能超表面技术在无线系统中的广泛应用。

（3）在无线网络新架构设计方面，主要研究包括探索多种传输场景下智能超表面网元功能的定义，智能超表面和无线网络间的控制方式以及对应的接口协议；研究在无线同构网络内或在无线异构网络内智能超表面的网络拓扑结构及部署方案；研究不同形态智能超表面联合组网的拓扑架构和部署方案；探索融合智能超表面的无线网络新架构的可扩展性、移动性、安全性、鲁棒特性及时延特性等，并推动新型无线接入网络架构相关的标准化进程。

五、通信感知一体化

通信感知一体化（integrated sensing and communication，ISAC）的概念首次出现在2018年召开的"全球通信会议"。在6G移动通信系统中，更高的频段（如毫米波乃至太赫兹）、更宽的带宽、更大规模的天线阵列等技术，使得高精度、高分辨感知成为可能。通信感知一体化技术使通信与感知功能达到了相辅相成的效果。

一方面，整个6G移动通信系统可以作为一个规模庞大的传感器，网元发送和接收无线信号，利用无线电波的传输、反射和散射，可以更好地感知和理解物理世界。通过从无线信号中获取距离、速度、角度信息，可以提供高精度定位、手势捕捉、动作识别、无源对象的检测和追踪、成像以及环境重构等广泛的新服务，实现"网络即传感器"（network as a sensor）。

另一方面，感知所提供的高精度定位、成像和环境重构能力可以帮助提升通信性能。例如，波束赋形更准确，波束失败恢复更迅速，终端信道状态信息（channel state information，CSI）追踪的开销更低，从而实现"感知辅助通信"。感知同时也是对物理世界、生物世界进行观察采样，使其连接数字世界的"新通道"。

基于上述对通信感知一体化技术的分析，本书所说的ISAC泛指在无线网络中将传感与通信功能整合为一体的设计，以提高稀缺频谱和无线基础设施的利用效率，进而通过传感辅助通信、通信辅助传感实现互利共赢。与传统的无线网络相比，通信感知一体化可以利用无线基础设施以及有限的频谱、功率资源进行通信和传感，从而以较低的成本提高系统综合性能。

2022年，IMT-2030（6G）推进组组织的6G技术试验对通信感知一体化技术试验样机开展了测试验证。从测试情况来看，通信感知一体化目前仍处于早期研究阶段，可以基于通信系统初步实现基本的感知功能，如定位、成像和模式识别等，但还没有发展到把感知信息用于提升通信能力的阶段。目前，通信、感知接收仍是独立处理的两套系统。从技术方案来看，两套系统均是基于通信帧结构设计，分配部分资源用于感知探测，或通过感知资源与通信资源正交复用，或者通过复用通信参考信号及数据信道用于感知，而感知主要采用自发自收模式，感知信号与通信信号采用同一套发射天线，但感知接收天线与发射天线独立以隔离回波干扰。

通信感知一体化是6G重要的潜在技术方向之一，但我国现有通信和感知系统分别独立设计，基础理论、关键技术、硬件架构、层级设计均不完善，还没有形成一个有机的整体。通信感知一体化技术研究需要在空口技术、组网架构、协同感知、硬件架构、原型系统、仿真评估、标准化方向持续研究并开展工作。

（1）在基础理论方面，要研究通信感知一体化系统的理论框架和系统建模、性能评估准则、一体化性能理论极限和资源配置优化等。

（2）在空口关键技术方面，要继续对通信和感知融合波形的研究，同时考虑研究波形的通信保障特性和感知的保障特性。

（3）在网络架构技术方面，未来要以业务连续性、QoS保障为目标，开展不同感知模式及用例下的组网协议流程、节点切换、策略管理等关键技术研究。

（4）在协同感知技术研究方面，要重点关注协同感知流程、感知节点选择、感知信息融合、空间同步等协同感知关键技术。

（5）在硬件系统方面，要研究如何平衡好通信和感知需求，新增共享频谱资源、高动态范围、全双工及自干扰消除、高通道性能等特性要求。

（6）在原型验证方面，要把通信与感知功能集成在同一系统中，在全频谱、多场景开展通信感知一体化样机研究，从新波形、新制式和新架构等多个方向发力，实现新一代通信感知一体化原型技术验证。

第四节　6G 技术应用前景展望

未来，6G 将在 5G 网络原有的 Emmb、uRLLC 和 mMTC 三大典型场景基础上继续拓展深化，全面支持以人为中心的沉浸式交互体验和高效可靠的物联网场景应用，同时有效融合通信、计算、感知等能力，面向生活、生产、社会运转等领域，提供各类智能化服务。

一、6G+生活

（一）在通感互联网方面

通感互联网是一种联动多维感官实现感觉互通的体验传输网络。公众通过互联基础设施，可以充分调动视觉、听觉、触觉、嗅觉、味觉甚至情感，实现人类重要感觉的远程传输与交互。如此，无论身处何处，人们都可以获得音乐、美术、运动等技能在真实环境中的沉浸式体验，可以感受到真实但不消耗实物的美食、护肤体验，可以获得精准操控平台硬件设施的云端协同办公体验。

（二）在孪生体域网方面

5G 时代主要是实现人体的健康监测以及疾病的初级预防等功能。随着分子通信理论、纳米材料、传感器等关键技术的突破性进展，面向 6G 网络应用的体域网将进一步实现人体的数字化和医疗的智能化。

通过对现实世界人体的数字重构，孪生体域网将构造出虚拟世界个性化的"数字人"。对"数字人"进行健康监测和管理，可实现对人体生命体征的全方位精准监测、靶向治疗、病理研究和重疾风险预测等，为人类健康生活提供保障。

（三）在智能交互方面

智能交互是智能体之间产生的智慧交互，包括人与物。目前的智能体交互大多是被动的,依赖于需求的输入,比如人与智慧家居产品的语音和视觉交互。

随着 AI 在各领域的全面渗透与深度融合,面向 6G 应用的智能体将被赋予更为智慧的情境感知、自主认知能力,实现情感判断及反馈智能,产生主动的智慧交互行为,在学习能力共享、生活技能复制、儿童心智成长、老龄群体陪护等方面将大有作为。

二、6G+生产

(一)智赋农业

智赋生产将极大地解放农业劳作,提高全要素生产率。融合陆基、空基、天基和海基的"泛在覆盖"6G 将进一步解放生产场地,未来信息化的生产场地将不限于地面等常见区域,还可以进一步扩展到水下、太空等场地。同时,数字孪生技术可预先进行农业生产过程模拟推演,对负面因素提前应对,进一步提高农业生产能力与利用效率;此外,运用信息化手段紧密连接城市消费需求与农产品供给,可为农业产品注入极大活力,推进智慧农业生态圈建设。大数据、物联网、云计算等技术将支撑更大规模的无人机、机器人、环境监测传感器等智能设备,实现人与物、物与物的全连接,在种植业、林业、畜牧业、渔业等领域大显身手。

(二)智赋工业

在工业生产领域,智赋生产意味着工业化与信息化深度融合。数字孪生技术与工业生产结合,不仅起到预测工业生产相关因素的作用,还可以使实验室中的生产研究借助数字域进行,进一步提高生产创新力。越来越多的智慧工厂将集成人、机、物协同的智慧制造模式,智慧机器人将代替人类和现有的机器人成为敏捷制造的主力军,工业制造更趋于自驱化、智能化。纳米技术的发展将为工业生产各环节的监测和检测过程提供全新方式,纳米机器人等可以成为产品的一部分,对产品进行全生命周期的监控。工业生产、储存和销售方案将基于市场数据的实时动态分析，有效保障工业生产利益最大化。

三、6G+社会运转

（一）交通运输

在面向 6G 应用的助力下，无论身处都市、深山、高空等，人们都将体验到优质网络性能及其带来的智慧服务。例如，超能交通将在交通体验、交通出行、交通环境等方面大放异彩。全自动无人驾驶将大行其道，进一步模糊移动办公、家庭互联、娱乐生活之间的差异，开启人类的互联美好生活。通过有序运作"海—陆—空—太空"多模态交通工具，人们将真正享受到按需定制的立体交通服务。新型特制基站将同时覆盖各空间维度的用户、城市上空无人机等，使得无人机路况巡检、超高精度定位等多维合作护航成为可能，为人类塑造可信安全的交通环境。

（二）精准医疗、普惠教育、虚拟畅游

在"泛在覆盖"的 6G 中，精准医疗将进一步延伸其应用区域，帮助更广域范围的人们构建起与之相应的个性化"数字人"，并在人类的重大疾病风险预测、早期筛查、靶向治疗等方面发挥重要作用，实现医疗健康服务由"以治疗为主"向"以预防为主"的转化。利用全息通信技术与网络中泛在的 AI 算力，6G 时代的普智教育不仅能够实现多人远距离实时交互授课，还可以实现一对一智能化因材施教；数字孪生技术将实现教育方式的个性化和教育手段的智慧化，它可以结合每个个体的特点和差异，实现教育的定制化。"泛在覆盖"通信网络还将结合文化旅游产业发力增效，通过全方位覆盖的全息交互，人们可以随时随地共同沉浸到虚拟世界。

（三）抢险救灾与无人区探测

5G 与 IoT 技术的结合，可以支持诸如热点区域安全监控和智慧城市管

理等社会治理服务。

面向 6G 应用,"泛在覆盖"将成为网络的主要形式,完成在深山、深海、沙漠等无人区的网络部署,实现空天地海全域覆盖,推动社会治理便捷化、精细化与智能化。依托其覆盖范围广、灵活部署、超低功耗、超高精度和不易受地面灾害影响等特点,"泛在覆盖"的通信网络在抢险救灾、无人区探测等社会治理领域应用前景广阔。比如,可以通过"泛在覆盖"和"数字孪生"技术实现"虚拟数字大楼"的构建,可迅速制定出火灾等灾害发生时的最佳救灾和人员逃生方案。又如,通过对无人区的实时探测,可以实现诸如台风预警、洪水预警和沙尘暴预警等功能,提前为灾害防范预留时间。

第五节　6G 技术发展面临的问题与挑战

一、需关注"市场失灵"难题

我国 5G 建设实践表明,5G 基站建设的平均投资约为 4G 的 1.5 倍,而且基站投资回报周期超过了 8 年。而 6G 无论是研发投入,还是基站投资回报周期,相对于 5G 而言困难更大。也就是说,6G 在短期内很难实现市场收益。

此外,6G 技术的研发也需要大量的设备设施,以及利用实验室精密仪器仪表等进行相关的测试验证工作。基于上述分析可知,6G 比 5G 更具有建设周期长、投资规模大、资金回收慢、收益不确定、运营风险高的典型特征。

未来,在 6G 相关技术研发方面,需要立足我国 6G 发展全局,优选典型容易落地的场景,通过精准的资金支持,优先在特定关键技术方向上实施重点优先突破,以解决市场失灵难题。

二、需预防技术标准分化风险

6G应用场景呈现多样化,遍及社会生产生活的方方面面,也涉及多种跨学科领域的前沿技术、理念、材料、架构等,要形成全球统一的6G技术标准体系存在很大的不确定性。

一是在世界百年未有之大变局的特殊背景下,国际国内各种风险因素交织叠加,传统与非传统各类风险挑战加速积聚、交织共振,大国竞争日趋激烈,全球性挑战日益凸显。未来,全球6G标准面临从统一走向分立的风险。

二是目前欧盟、美国、日本、韩国等发达国家(组织)围绕6G已经形成了技术联盟,但各国(组织)关于6G的核心诉求、发展目标等有显著差异,推动6G技术的全球互操作、标准化发展存在很大的困难。

三是根据6G潜在的应用场景分析,不同场景需要差异化的6G技术体系支撑,比如通信、医疗、交通、工业、娱乐等各垂直领域均有自身独特的行业需求,在一定程度上需要制定差异化的6G标准,但这很可能引发标准的冲突,甚至会出现互不兼容的技术标准。鉴于上述分析,我国目前面临6G标准体系建设的抉择局面,需要提前布局并掌握6G技术标准的话语权,才能摆脱自有技术标准被孤立的风险,进而增强我国在相应标准制定过程中的主导地位。

三、需谋划建设产业生态圈

相对于5G而言,6G应用的场景更加丰富,涉及行业领域更多,因此需要更多的学科深度融合,以便更好地赋能支撑各行业领域发展。但这些需求也对产业生态的安全性、融合性以及共生性等提出了较高要求。

从全球角度看,当前逆全球化趋势进一步加剧,我国产业链、创新链、价值链融入全球国际大市场的阻力更加突出,尽管开源生态建设得到了全球主要国家和组织的重视和支持,但是我国在6G关键环节依然面临着国际供应链"断链"的巨大风险。

从我国自身来看，6G 开源产业生态建设也没有跟上愿景的发展，生态圈还不完善，尤其是上、下游企业在通用芯片、关键基础软件等方面面临着被国际科技强国"卡脖子"的困境。尽管我国 6G 产业联盟承担着 6G 产业生态协同发展的"桥梁"作用，相关研发、建设等也在持续推进，但缺乏直接的政策支持。因此，需要以自主可控的移动通信产业生态为主导，进一步建设更加完整和开放的生态体系。

四、需重视网络安全和隐私保护

6G 具有空天地海泛在接入的多样性，核心网的部署也呈现出分布性、跨域、跨系统业务应用的融合特性。因此，在网络应用服务方面，6G 比 5G 面临的网络安全和隐私保护压力更大。

从全球信息通信安全领域生态来看，美国的科技公司不论是市场规模还是技术实力、产品性能，抑或是服务水平，均比我国的同类公司具有明显优势，占据全球安全市场的主动权。

尽管我国也高度重视信息通信安全产业，但是规模非常有限，全球市场占比不足 10%。同时，6G 承载着海量数据的传输、处理，一旦被盗用或篡改，会产生较大影响。6G 新业务对网络安全和隐私保护的要求达到新的高度，需要有效应对空天地海一体化、AI、算力等衍生的新威胁。

同时，需要考虑车联网、物联网、超高速率、超低时延等应用场景涉及的安全需求。在未来的 6G 应用情境下，我国的网络安全和隐私保护需要开展一体化设计。

五、需破解非技术性因素挑战

根据 6G 的发展愿景，6G 将面临诸多非技术因素的挑战，如行业壁垒、消费者习惯以及政策法规问题等难题。

一是在行业壁垒方面，相对于 5G，6G 与各垂直行业领域的结合更加紧密，但一些传统行业固有的行为方式等因素，将对 6G 移动通信的进入形成行业壁垒。

二是在频谱分配与使用规则方面，6G 太赫兹频段的使用，需要考虑对不同国家和地区协调分配，因此需要尽可能使用统一频段范围。此外，需要考虑与其他行业领域的使用者协调，如气象雷达、民航、公安等。

三是在用户使用习惯方面，如何更快地改造千差万别的垂直行业用户所固有的思维方式和习惯，将是 6G 面临的一个极具挑战的问题。

六、需攻关技术性瓶颈难题

6G 大规模的普及应用，除了毫米波、太赫兹、空口、MIMO 等关键技术研发外，技术层面需要攻克以下三大门槛：

一是网络架构的重构。从 2G 到 5G，我国都采取了由多个基站构建起的蜂窝状网络架构，但这很难适应 6G 时代空天地海一体化网络传输需要。

二是网络应用场景的挖掘。从 2G 到 4G，我国诞生了网络直播等诸多新型网络应用。我国的 5G 建设虽然走在全球前列，但目前 5G 还未催生出诸如微信、抖音等现象级应用。"工业互联网"虽然被视为 5G 应用的重点，但 to B 的应用需要大上行速率、低时延和高可靠性，5G 并没有对此进行重点研究。to B 应用应作为 6G 研究的重点，运营商应该从专用频率上对 to B 应用和 to C（面向消费者）应用予以区分。

三是 6G 的低功耗难题。实践已经证明，5G 基站的功耗比 4G 基站高一倍。而 6G 的频段更高、蜂窝更密，能耗比 5G 更大，因此减碳将是 6G 研究的难点。

第七章

人形机器人技术与应用

第一节 人形机器人概述

一、人形机器人的定义

人形机器人（Humanoid Robot）是机器人的重要分支之一，其特点是具有类似于人类外形的典型特征，诸如有头部、躯干、手脚等重要部位，但不一定有头发、五官、牙齿等细微特征。

在概念上，人形机器人是指具有人的形态和部分功能的机器人，不仅拥有类似人类的肢体、运动与作业技能，还有类似人的感知、学习和认知能力。业界普遍认为，人形机器人建立在多学科基础之上，综合运用机械、电气、材料、传感、控制和计算机等学科技术，能够实现拟人化的部分功能。它环境适应通用、任务操作多元、人机交互亲和，不仅是国际公认的机器人技术集大成者，也是一个国家科技综合水平的重要体现。

二、人形机器人的发展历程

人形机器人的探索最早可以追溯到20世纪60年代后期，当时的日本技术成果最多，也最为显著。根据人形机器人产品性能及其交互能力成熟度来判断，其发展轨迹已经历了初期发展、高度集成发展、高动态运动发展三个阶段，目前正朝着高度智能化发展阶段迈进。

（1）初期发展阶段（20世纪60年代后期—2000年）

1973年，日本早稻田大学研发出世界第一款人形机器人，也就是业界经常提及的WABOT-1的WL-5号两足步行机。此后，日本本田汽车也开始进行人形机器人的探索，并于2000年研发出ASIMO（Advanced Step in Innovative Mobility，进阶的创新移动设备）第一代机型。本田第一代 ASIMO 人形机器人可以实现无线遥感，产品形态已经呈现出小型化和轻量化的发展趋势，但它在运动平衡性方面较差，智能化程度也不高。

（2）高度集成发展阶段（2001—2015 年）

在这一阶段，企业参与度明显活跃起来，主要以研发特定场景的机器人为主。例如，2003 年日本丰田研发的"音乐伙伴机器人"，具有吹喇叭、拉小提琴等乐器演奏模仿能力。又如，日本本田推出的第三代 ASIMO，利用传感器实现了障碍物自动判断能力，并可依据判断做出自主行动。此外，第三代 ASIMO 还可以做手语并做出倒水行为。

（3）高动态运动发展阶段（2016—2024 年）

在这一阶段，业界研发的人形机器人的运动能力大幅提升。比如，2016 年，美国波士顿动力公司研发出双足机器人 Altas，该机器人具有较强的平衡能力以及越障碍能力，能够完成一定的危险环境搜救任务。又如，优必选研发的 Walker X，采用了 U-SLAM 视觉导航技术，因此可自主规划路径。总体来看，本阶段的人形机器人大多基于深度学习的物体检测与识别算法、人脸识别等技术，实现了在复杂环境中识别人脸、手势、物体等能力，但是依然很难实现运动和交互功能的融合，产品大多以技术攻关为主，其实用性较差，成本也很高。

（4）高度智能化发展阶段（2025 年—）

根据相关报道，特斯拉计划在 2025 年前后推出一款具有高动态运动性能、高度智能化的人形机器人 Optimus，其理想是将该机器人用于汽车工厂。如果这一目标能够实现，那么人形机器人将实现质的飞跃，推动相关产业朝着高度智能化迈进。

三、人形机器人的分类

国际上，一般从应用场景或环境出发，将人形机器人分为两大类：制造环境下的工业机器人、非制造环境下的服务与仿人型机器人。业界也经常根据人形机器人设计，将其分为四大类：

(1) 腿足式。以波士顿动力公司研发的 Atlas 为代表，强调机器人的后空翻等运动能力，手部基本只是起到平衡作用。

(2) 移动式。以帕西尼感知科技公司研发的机器人 Tora 为代表，采用轮式驱动+协作机器人手臂+灵巧手的综合方案，强调触觉传感器+灵巧手的操作功能，同时兼顾移动能力。

(3) 全能型。以本田研发的 ASIMO 为代表，具备双足+双臂+双手+各类感知+人工智能的功能。它有全面的软硬件基础，具备在开放环境中执行多任务的能力。

(4) 表演型。能完成既定环境下的基础动作的能力。

此外，从形态上，可以简单地将机器人分为人形机器人和非人形机器人（如机械臂、无人搬运车等）。目前，商业化应用得更多的是以工业机器人为代表的非人形机器人，其结构比人形机器人更为简单，能够代替人完成不同场景下、单一且重复的自动化操作。而人形机器人由于构造复杂、造价昂贵，目前商业渗透率还比较低。

第二节　全球人形机器人发展现状

目前，机器人已经成为新一轮科技革命与产业变革背景下全球竞争的焦点。国际上，以欧盟、美国、日本、韩国为代表的国家（组织）都在大力发展机器人。人形机器人作为传统机械制造技术、人工智能技术等深度融合发展的跨学科前沿技术，正成为大国间科技竞争的新焦点和必争之地，未来市场和应用前景广阔。

一、在政策层面

人形机器人作为一个新兴产业，各国政府都在积极出台相关政策和措施，促进其发展。中国、欧盟、美国、日本、韩国等国家（组织）在人形机器人产业支持政策上有一定的相似之处，如在资金支持、制度保障等方面，但也存在一些差异。

表 7-1 国外（组织）出台的与人形机器人紧密相关的政策

国家/组织	时间	相关文件名称	文件主要内容
美国	2023 年	国家人工智能研发战略计划	使美国在人工智能领域保持世界领先地位措施主要包括：促进联邦机器学习方法，增强人工智能系统的感知能力，开发功能更强大、更可靠的机器人等
	2021 年	美国国家机器人计划（NRI3.0）	寻求对集成机器人系统的研究，并在之前的 NRI 项目基础上，持续推动机器人技术的研究与开发，鼓励人形机器人的创新与应用
欧盟	2021 年	欧洲地平线（Horizon Europe）计划	预算为 943 亿美元，实施周期为 2021 年至 2027 年。该计划旨在加强欧盟的科技基础，提升欧洲的创新能力、竞争力和就业机会，实现公民的优先事项，以及维持社会经济模式和价值观
日本	2022 年	新机器人战略	旨在使日本成为世界第一的机器人创新中心。该战略计划投资 9.305 亿美元，重点支持领域为制造业、护理和医疗、基础设施和农业
韩国	2022 年	第三次智能机器人基本计划	该计划旨在推动机器人技术发展，并使之成为第四次工业革命的核心产业，并为"智能机器人 2022 年实施计划"拨款 1.722 亿美元
德国	2021 年	2025 高科技战略（HTS）	该计划旨在利用整个社会和工作领域的技术变革造福于人们。到 2026 年，德国政府每年将提供约 6900 万美元的资金支持

从国外来看，在政策支持上，国外政府更加看重的是人形机器人产品的应用推广。比如，欧盟、美国、日本、韩国等国家（组织）都鼓励企业与高校、研究机构合作开展研究和开发，并推动人形机器人应用落地。与此同时，各国政府还出台了税收优惠、研发资金支持等措施，以促进企业

的发展。人形机器人的安全性问题也受到关注（见表7-1）。此外，美国政府要求产业界企业和开发者要确保人形机器人的设计、制造和使用等均要符合特定的安全标准，并对可能引发伦理和隐私问题的应用场景进行限制使用。

从国内来看，中央及地方政府近几年均高度重视人形机器人产业的发展，提出了一系列政策和计划。相对于国外政府关注的焦点，我国政府更加注重产业引导基金和人才培养方面的支持。例如，2023年10月，工业和信息化部印发《人形机器人创新发展指导意见》，提出要大力支持人工智能、机器人等高新技术的发展。此外，我国在政府层面鼓励和支持建设人形机器人创新平台，如人形机器人研发中心、中试基地、检验检测实验室等。以下是近三年，我国各部门及地方出台的与人形机器人紧密相关的文件（见表7-2）。

表7-2 我国各部门、地方出台的与人形机器人紧密相关的文件

时间	发布部门/地区	相关文件名称	文件主要内容
2023年	工业和信息化部	人形机器人创新发展指导意见	打造人形机器人"大脑"和"小脑"，突破"肢体"关键技术，健全技术创新体系 打造整机产品，夯实基础部组件，推动软件创新 服务特种领域需求，打造制造业典型场景，加快民生及重点行业推广等
2023年	工业和信息化部、教育部等部门	"机器人+"应用行动实施方案	聚焦十大应用重点领域，突破100种以上机器人创新应用技术及解决方案，推广200个以上具有较高技术水平、创新应用模式和显著应用成效的机器人典型应用场景
2021年	工业和信息化部国家发展改革委等	"十四五"机器人产业发展规划	到2025年，制造业机器人密度较2020年实现翻番，机器人产业营业收入年均增速超过20% 形成一批具有国际竞争力的领军企业及一大批创新能力强、成长性好的专精特新"小巨人"企业，建成3~5个有国际影响力的产业集群

续表

时间	发布部门/地区	相关文件名称	文件主要内容
2021 年	工业和信息化部、国家卫生健康委	健康养老产业发展行动计划	推进物联网、大数据、云计算、人工智能、区块链等新一代信息技术以及移动终端、可穿戴设备、服务机器人等智能设备在居家、社区、机构等养老场景的集成应用
2023 年	北京市人民政府办公厅	北京市机器人产业创新发展行动方案（2023—2025 年）	加紧布局人形机器人，对标国际领先人形机器人产品，支持企业和高校院所开展人形机器人整机产品、关键零部件攻关和工程化；加快建设北京市人形机器人产业创新中心，争创国家制造业创新中心

二、在产业参与层面

从时间角度来看，欧盟、美国、日本、韩国等国家（组织）的人形机器人产业链相关企业开展商业化探索时间较长，前后持续超过 20 年，布局呈现多元化发展趋势，涉及娱乐、医疗、工业制造等多个行业领域，且更加侧重于高端服务市场。目前，国外多家产业链企业已进行了商业化初试。比如，Agility 研发的 Digit 机器人、1X 研发的 Eve 机器人等，都取得了不错的成绩。我国产业链相关企业进入人形机器人市场的时间较晚，但近年来商业化进程明显加快。随着核心技术不断取得突破，相关产业链逐渐完善，目前我国许多企业正在致力于量产人形机器人，未来有望实现更大规模的商业化。

从产业链和企业角度来看，美国在人形机器人赛道占据全球主导地位，产业链条上有波士顿动力、特斯拉、Agility 等知名企业。日本的软银、挪威的 1X 等企业也在国际人形机器人市场上有着较高的技术实力和市场影响力。我国的人形机器人企业主要包括优必选、追觅、智元、宇树、傅利叶、小米、小鹏、科大讯飞、乐聚、帕西尼感知、逐际动力、钢铁侠科技、开普勒、洛必德等。这些企业都开始推出具有自主知识产权的人形机器人产品。近年来，人形机器人领域跨界入局者显著增多，尤其是国际上许多科技企业及汽车企业都瞄准了这一新的经济增长点,竞争态势愈发激烈。

三、在技术层面

总体来看,目前欧盟、美国、日本、韩国等发达国家(组织)拥有较为完善的研发体系、研发生态以及技术积累,因此人形机器人产业技术相对成熟,在全球处于领跑地位。尤其是美国、日本等国家的企业和研究机构在人工智能、感知技术、机械设计等领域具有较高水平。我国的人形机器人技术发展起步较晚,但近年来在人工智能、语音识别、人机交互等技术方面取得了快速进步。

从国外来看,国外关于人形机器人技术的研发布局最早可追溯到1967年,当时日本早稻田大学启动了人形机器人相关项目,并在1973年研发出世界上第一款全尺寸拟人机器人WABOT-1。20世纪90年代,人形机器人在控制方法和人工智能等方面的研究成果不断出现,推动了人形机器人的快速发展。2000年,日本本田公司研发出了ASIMO机器人。ASIMO可以完成跳舞、上下楼梯等较复杂的动作,标志着人形机器人的运行功能开始逐步完善,已能够替代人类完成重力作业。此后,历经多次技术迭代升级,人形机器人技术进入高动态运动发展阶段,代表性产品就是波士顿动力公司开发的Atlas。近年来,随着人工智能技术的快速发展,以ChatGPT为代表的语言大模型为人形机器人研发注入了新动力,通过多模态技术,大幅促进了人形机器人智能化水平的提升。与此同时,动作控制也开始变得更加精准。

从国内来看,相比日本、美国等发达国家,我国布局人形机器人较晚,其中有代表性的时间节点是2000年,这一年国防科技大学成功研制出我国第一台两足步行人形机器人"先行者",它已能模拟人类行走,具备一定的语言功能。此后,我国各大高等院校以及科研院所等机构不断进行相关技术探索,在人形机器人运动控制、感知识别和智能化等方面取得了一些进展。2016年,深圳优必选科技股份有限公司开始研发大型人形机器人,并于2018年推出第一代Walker,这是我国首台可商业化人形双足机器人。2022年后,我国开始涌现出一批具有自主知识产权的人形机器人产品,它们在运动能力、感知能力和决策能力上都得到了大幅提升。总体来看，我国的人形机器人技术在硬件上已接近国际先进水平，但在操作系统、人工智能等"软实力"方面仍存在短板或弱项。另外，根据中国信息通信研究院的统计，我国已经发展成为申请人形机器人技术专利数量最多的国家，特别是计算机视觉和智能语音等应用层的专利数量呈现持续快速增长的态势。

第三节　人形机器人核心技术体系

从产业链的角度来看，无论人形机器人如何分类，其上游的核心零部件中均包括减速器、控制系统和伺服系统，差异在于部分人形机器人多了感知系统；中游为人形机器人本体制造；下游为人形机器人系统集成。因此，下面主要讨论人形机器人上游环节所涉及的减速器、伺服系统、控制器、感知器核心技术。

一、减速器

减速器是人形机器人零部件中成本最高的一项，占比达到了30%以上。减速器的作用主要是利用齿轮原理，降低电机的转速、增加力矩，从而使得原机动力能够更为平滑地输出。一般而言，人形机器人所设计的关节越多，所需要的减速器越多。因此，减速器是人形机器人最多的零部件。减速器的种类有很多，而用于人形机器人的一般为精密减速器，主要有谐波减速器、RV减速器以及精密行星减速器等。

（一）谐波减速器

谐波减速器主要包括三个基本构件：波发生器、带有外齿圈的柔性齿轮（柔轮）、带有内齿圈的刚性齿轮（刚轮）。这三个构件可任意固定一个，那么剩余的两个组件则一个为主动轮、一个为从动轮，如此便可实现减速或增速，也可变换成两个输入、一个输出，组成差动传动。

谐波传动的原理是利用柔轮可控的弹性形变，来传递运动和动力。最常见的谐波传动工作方式是钢轮固定、波发生器主动、柔轮输出的形式。这种模式实际上是将波发生器装入柔轮内圆中，迫使柔轮在凸轮作用下产生变形而呈椭圆状，使其长轴处柔轮齿轮插入刚轮的轮齿槽内，呈完全啮合状态。而短轴处两轮轮齿由于完全不接触，处于脱开状态，所以当波发生器连续转动时，迫使柔轮不断产生变形并产生了错齿运动，从而实现波发生器与柔轮的运动传递。

谐波减速器具有传动精度高、减速比高、体积小、重量轻、传动性能高、可在密闭空间工作等诸多优点。

（1）传动精度高。多齿在两个180°对称位置可以同时实现啮合。因此，齿轮齿距误差以及累积齿距误差对旋转精度产生的影响比较均衡，进而可以实现较高的位置精度和旋转精度。

（2）减速比高。市面上的单级谐波齿轮传动的减速比已经实现了30～500。因此，在同轴上3个零部件能够实现高减速比。

（3）体积小、重量轻。与一般减速器相比，谐波减速器具有结构简单且零件少的特点。举例说，在输出力矩相同的情况下，谐波减速器体积可减少约2/3，重量可减轻约1/2。

（3）传动性能高。由于谐波减速器同时啮合的齿数较多，因此齿面相对滑动速度低，这也就使得谐波减速器的承载力比较高，传动时的平稳度较高。

（5）可在密闭空间工作。谐波减速器能在密闭空间和介质辐射的环境下正常工作，这是它区别于其他类型减速器最大的特征之一。因此，谐波减速器被广泛应用于军工、航空航天、船舶潜艇、宇宙飞船等领域。

但上述优点，并不能掩盖谐波减速器的短板，主要表现在以下四个方面：

（1）柔轮易发生疲劳破坏，刚性差，承载能力有限。

（2）成本相对精密行星减速器较高。

（3）转动惯量和启动转矩大，因此不适合小功率跟踪传动。

(4) 散热性能差。

从谐波减速器的优势和短板不难看，谐波减速器一般适用于人形机器轻负载位置，如人形小臂、腕部或手部等。在市场方面，日本哈默纳科在 2021 年世界市场占比达 82%，处于垄断地位。我国国内以绿的谐波为代表，虽然市场份额在不断提升，但其市场占比依然不足 10%。

（二）RV 减速器

RV 减速器由摆线针轮和行星传动装置发展而来。业界普遍认为，RV 减速器是 20 世纪 80 年代，日本在传统摆线针轮减速器和行星减速器的基础上，研发出的一种两级结构减速装置。其中，第一级是行星齿轮减速部分，第二级是摆线针轮减速部分，结构如图 7-1 所示。

图 7-1　RV 减速器结构示意图

RV 减速器一级减速装置为行星齿轮结构，由输入齿轮（也就是太阳轮）和行星轮共同组成。其工作原理是输入齿轮与电机相连同步旋转，带动 2~3 个行星轮同时转动。曲柄轴前后端分别与行星轮和摆线轮相连，在行星轮旋转后，曲柄轴以相同的转速旋转。RV 减速器二级减速装置为摆线针轮传动，主要由滚动轴承、摆线轮、针轮等部件构成。其工作原理是曲柄轴上含有偏心部，偏心部与滚动轴承相连接，摆线轮在滚动轴承的作用下随曲柄轴运动。同时，在外壳内侧有与摆线轮同等齿距排列的针齿，当曲柄轴旋转一圈，摆线轮与针齿接触的同时做一圈偏心运动。在针轮保持固定的情况下，摆线轮沿着与曲柄轴的旋转方向相反的方向旋转一个齿数的距离，实现第二级减速。此外，摆线轮外接输出轴，并向外实现最终传动，最终减速比为一二级减速比的乘积。

RV减速器具有结构紧凑、体积小质量轻、减速比大、承载能力强、寿命长、精度稳定等诸多优点，因此适用于人形机器重负载的部位，如大臂、肩部、腿部等重负载位置。但它也有短板，比如结构复杂、制造工艺和成本控制难度大、产线投资相对其他类型精密减速器更高。此外，RV减速器体积重量相对谐波减速器也比较大。

在市场方面，前几年日本博纳特斯克在我国的市场份额超过了50%，而国内双环传动、中大力德、秦川机床仅分别占比14%、4%和2%。但目前，我国国产化率已达30%左右，国产替代初显成效。

（三）精密行星减速器

精密行星减速器一般由太阳轮、行星轮、内齿圈等构成，其减速传动原理就是齿轮减速原理，即通过太阳轮输入转速与行星轮啮合，行星轮啮合自转的同时围绕中心轮公转，最后由行星架将转速和扭矩传到输出轴上。精密行星减速器通过对重量结构精密化，以及严格的零部件制造和装配工艺控制，获得相对于普通行星减速器而言更为优异的性能，通常配合步进电机或伺服电机应用于工业机器人关节中。

精密行星减速器的优势主要体现在以下四个方面：

（1）体积小，精度高。

（2）传动效率高。行星减速器传动结构对称，行星轮均匀分布，使得作用中心轮与行星架轴承的反作用力相互平衡，能有效提高传动效率。

（3）承载能力强、抗冲击和振动性能好，运动平稳。在精密行星减速器工作时，多个行星轮的使用增加啮合齿数、分担载荷，对称结构使得惯力平衡，提高了减速器的承载能力。

（4）结构简单，成本相对谐波减速器、RV 减速器都更低。

精密行星减速器的短板主要体现在两个方面：一是单级精密行星减速器传动比小，多级减速的长度重量限制其使用场景。一般来说，精密行星减速器单级传动减速比最小为 3，最大一般不超过 10。当一级行星齿轮传动系统无法满足较大减速比需要时，需要 2—3 级减速来满足较大的减速比需求。由于增加了传动级数和齿轮数量，多级精密行星减速器的长度和重量也会有所增加，这限制了其使用场景。二是精密行星减速器需要定期维护，同时高精度、高效率等特殊要求会带来更高的制造成本。

行星减速器具有体积小、高刚性、高精度、耐磨性强、精度相对低等特点，一般适用于人形机器人的关节部位，但其结构复杂，价格昂贵。在市场方面，以赛威传动、纽卡特、威腾斯坦、精锐科技和纽氏达特为代表的德国企业占全球市场超过 50%，主导国际市场。受技术限制，我国高端精密行星减速机及相关零部件对外依赖度较高。

二、伺服系统

伺服系统作为人形机器人的核心组成部分之一，主要由伺服电机、控制器、编码器等多个部件组成。它通过对电机的位置、速度和力矩进行反馈控制，使之实现精确的动作，进而提高机器人的运动性能和交互能力。

随着人工智能技术的不断进步，伺服系统能够更好地感知和理解人类的行为和情感。比如，通过结合计算机视觉和语音识别技术，伺服系统可以更准确地识别人类的动作和语言，从而更好地模拟人类的行为和交流。此外，伺服系统可以与其他智能系统进行连接，形成更智能化的人形机器人。比如，将伺服系统与自主导航系统相结合，可以使机器人更好地自主导航和避障；将伺服系统与情感识别系统相结合，可以使机器人更好地理解和回应人类的情感。

在市场方面，我国伺服电机市场主要分为欧美、日韩和国产品牌三大阵营。以德国的西门子、伦茨、博世力士乐，日本的安川、三菱、松下为代表的欧美日系企业入局早，在关节设计和制造方面经验丰富、技术先进，品牌长期占据中高端市场。我国以汇川技术、禾川科技、雷赛智能为代表的厂商通过引进、消化、吸收国际先进技术，产品质量和技术水平不断提升，已逐渐在国内市场中取得一定份额。2021年，国产品牌份额占比近36%，下一步有望凭借性价比优势和技术积累向中高端加速渗透。目前仍需进一步提高关节的精度、耐久性和可靠性。

三、控制器

人形机器人控制器是根据指令和传感信息控制机器人完成任务的装置，由控制板卡和算法控制软件组成，主要负责向机器发布和传递指令动作，控制机器人在工作中的运动位置、姿态和轨迹，其性能直接关系到机器人运行的稳定性、可靠性和精准性。控制器作为人形机器人系统的核心组成部分，主要包含控制系统，涉及运动控制等算法，是目前人形机器人的核心竞争力，且在长期的发展迭代中可能成为拉开距离的关键点，因此是各家人形机器人公司的核心技术。

整体控制器框架通常包括感知、语音交互、运动控制等层面。其中，运动控制器重要且复杂，如果机器人在不平坦地面和不确定的外部环境中进行动态运动，运动控制器需要实时调整其计划和轨迹，并协调双足和全身肢体的状态。控制器也是政策层面重点支持的环节。在2023年工业和信息化部发布的《"机器人+"应用行动实施方案》《人形机器人创新发展指导意见》等政策文件中，"运动控制"均被视为关键核心技术。

人形机器人控制器的原理殊途同归，但在具体结构和要求方面尚存在区别。在工业机器人领域，控制器主要用于控制机械臂的运行轨迹和空间位置，因此相比之下，人形机器人对控制精度、工艺理解要求更高；在扫地机器人方面，控制器主要用来规划路径、避障以及人机交互，这是人形机器人控制器的功能之一，此外人形机器人所需的算法实时性要求、控制器处理能力更高；在汽车域控制器方面，通常分为动力域、底盘域、座舱域、自动驾驶域和车身域。其中，自动驾驶汽车域控制器和人形机器人控制器的控制原理类似，需要多传感器融合、定位、路径规划、决策控制、图像识别、高速通讯、数据处理的能力；只是汽车与人形机器人相比，它们在安全性、控制精度、算法要求、接口复杂程度上有所不同。

四、感知器

人形机器人依托各类传感器识别感知内部和外部信息，进行判断和做出下一步动作。感知系统可分为内部传感器和外部传感器。与工业机器人相比，人形机器人对交互、导航、避障、稳定等功能的要求更高，对传感器的要求也更高。

在内部传感器方面，目前六维力矩传感器可以为人形机器人提供触觉感知，是目前维度最高的力传感器，能够给出最全面的力觉信息。但我国在六维力矩传感器方面依然处于"卡脖子"状态，这主要是因为六维力矩传感器生产工艺复杂，研发设计难度高，壁垒较高，国内该领域链上企业较少。以宇立仪器、坤维科技、鑫精诚为代表的国内企业已有产品落地，初步进入产业化应用。

在外部传感器方面，它主要用于测量机器人外部环境及状态，包括摄像机、红外传感、激光雷达、视觉传感器、触觉传感器、气体传感器等。目前国内的海康威视、凌云光、大恒图像、奥比中光等龙头企业，能提供从硬件到算法的整套视觉传感解决方案。

当前，AI 大模型优化多传感器融合技术是发展趋势。按照信息融合架构，可以将传感器融合技术划分为分布式、集中式和混合式，或者划分为后融合算法和前融合算法，或者划分为数据级、特征级和决策级融合。目前常用的是分布式/后融合算法。这种方法的核心思想是每个传感器都有自己独立处理的目标数据，融合模块将对各传感器的滤波结果进行有效结合。而集中式/前融合算法则相反，使用一个感知算法对多维综合感知数据进行处理。在以往算力受限和模型发展不成熟的情况下，使用分布式/后融合算法能在牺牲一定精度的同时降低算法复杂度。但由于不同传感器的数据类型不一，系统稳定性也会因此受到影响，而且受限于单一类型传感器的能力上限，后融合算法会导致特定条件下的偶发性漏检或误检。随着算力的提升和多模态大模型的发展，数据级/集中式/前融合算法的缺点有望得到弥补。比如，集中式融合存在因中央处理单元性能不足而导致通信延迟和计算瓶颈的问题，AI 大模型的算力提升将解决这一问题，从而将目前主流的融合算法方案从后融合/分布式/决策级推向前融合/集中式/数据级。数据级的传感融合也能减少感知过程中原始数据的信息损失，进而提高感知精度，提高数据处理的准确性。

第四节　人形机器人应用场景展望

人形机器人适应性强，具有广阔的应用场景。但当前的人形机器人赛道还处于相当早期的阶段，尚未形成产业化，国内和国外的参与者都以研发为主，商业化应用场景较少。

从全球范围来看，人形机器人已有商业应用场景预期落地，例如在巡逻、物流仓储等领域。目前商业化进程领先的人形机器人产品主要有 EVE 和 Digit。具体而言，美国 1X technologies 公司与 ADT commercial 公司共同研发的人形机器人 EVE 目前已成功应用于巡逻安保场景；Digit 的应用场景主要聚焦在物流仓储环节，如卸载货车、搬运箱子、管理货架等。除了这些面向特定领域的人形机器人外，越来越多的产业链相关企业开始致力于打造通用人形机器人。通用人形机器人的研发旨在实现机器人在各种场景中的通用性，从而适应不同的任务和环境。比如，特斯拉开发的 Optimus，本质上就属于一款通用人形机器人。Optimus 将率先应用在特斯拉汽车工厂，未来极有可能逐步扩展到商业和家庭服务场景中。另外，在一些危险系数较高的场景，如航空航天领域，通用人形机器人也能派上用场。目前，德国、美国、俄罗斯等国的研究机构及相关企业正在积极开展人形机器人在航空航天领域应用的相关研发工作，旨在推动人形机器人取代人类执行各种太空任务。这一领域的探索不仅有望提高各种作业的安全性，还能够拓展人形机器人在极端环境中的应用。

从国内来看,根据《"十四五"机器人产业发展规划》,我国业界大多按用途将人形机器人划分为3大类(17小类):第一类是工业机器人,多应用在制造业领域;第二类是服务机器人,多应用在农业、矿业、建筑和其他服务业领域;第三类是特种机器人,多用于勘探、安防、危险环境和卫生防疫领域(见表7-3)。因此面向未来,我国人形机器人将在诸多领域发挥重要作用,未来前景可期。

表7-3 我国对人形机器人应用场景展望

三大类	细分小类	应用场景展望
第一类 工业机器人	1. 焊接机器人	面向汽车、航空航天、轨道交通等领域
	2. 真空机器人	面向半导体行业的自动搬运、智能移动与存储等
	3. 民爆物品生产机器人	民爆物品生产领域
	4. 物流机器人	AGV、无人叉车,分拣、包装等
	5. 协作机器人	面向3C、汽车零部件等领域的大负载、轻型、柔性、双臂、移动等
	6. 移动操作机器人	可在转运、打磨、装配等工作区域内任意位置移动,实现空间任意位置和姿态可达,具有灵活抓取和操作能力
第二类 服务机器人	7. 农业机器人	果园除草、精准植保、果蔬剪枝、采摘收获、分选,以及用于畜禽养殖的喂料、巡检、清淤泥、清网衣附着物、消毒处理等
	8. 矿业机器人	采掘、支护、钻孔、巡检、重载辅助运输等
	9. 建筑机器人	建筑部品部件智能化生产、测量、材料配送、钢筋加工、混凝土浇筑、楼面墙面装饰装修、构部件安装、焊接等
	10. 医疗康复机器人	手术、护理、检查、康复、咨询、配送等
	11. 养老助残机器人	助行、助浴、物品递送、情感陪护、智能假肢等
	12. 家用服务机器人	家务、教育、娱乐和安监等
	13. 公共服务机器人	讲解导引、餐饮、配送、代步等

续表

三大类	细分小类	应用场景展望
第三类 特种机器人	14. 勘探机器人	水下探测、监测、作业、深海矿产资源开发等
	15. 安防机器人	安保巡逻、缉私安检、反恐防暴、勘查取证、交通管理、边防管理、治安管控等
	16. 危险环境作业机器人	消防、应急救援、安全巡检、核工业操作、海洋捕捞等
	17. 卫生防疫机器人	检验采样、消毒清洁、室内配送、辅助移位、辅助巡诊查房、重症护理辅助操作等

从市场规模来看，2023年5月高工产业研究院（GGII）发布的报告预测，在政策、资本以及技术多维度赋能下，未来的商业应用场景有望渗透到服务业、制造业等领域。预计到2026年，全球人形机器人在服务机器人中的渗透率有望达到3.5%，市场规模超20亿美元；预计到2030年，全球市场规模有望突破200亿美元。参考中国服务机器人市场约占全球市场25%的数值测算，2030年中国人形机器人市场规模将达50亿美元。

第五节　人形机器人技术发展面临的问题与挑战

一、从软硬件层面看挑战

在硬件方面：目前人形机器人的硬件设计总体来看已经取得了一定的进展，但是在力量、速度、精度和经济性等多个方面，仍然存在诸多挑战。比如，在保持机器人稳定性的前提下，如何提高其运动速度和力量，如何降低机器人的制造成本，使其能够被广泛应用等。

续航能力也是一个重大的挑战。续航能力决定了人形机器人是否能够大规模推广使用。具体来说，人形机器人的类人形态决定了它无法携带大体积电池。然而，目前锂电池的能量密度有限，无法满足人形机器人长时间、高强度的工作需求，这给人形机器人的续航能力带来了严重挑战。新形态电池、太阳能、无线充电等供电方案有望解决这一问题。因此，需要进一步研究人形机器人的新型能源供应方案。

在软件方面：人形机器人面临的一些挑战比较复杂，涉及跨学科融合。比如，如何实现机器人的感知和认知，如何让机器人适应各种复杂、极端的环境等。

此外，如何训练专用的 AI 模型来提升机器人的性能也是一个重大的问题。目前，大多数 AI 模型都是通过大规模的数据进行训练，但是针对人形机器人的特定任务进行训练的 AI 模型还比较缺乏。

二、从性能层面看挑战

虽然人形机器人技术已经取得显著进展，但在机器人的本体能力、运动能力和智能能力方面仍面临着一些重要的技术挑战。这些挑战需要逐一克服，以进一步提升人形机器人的性能和功能。

在机器人本体能力方面：人形机器人本体是人形机器人实现高速、高灵巧、高爆发运动的基础，主要技术包括高爆发大力矩驱动、低损耗高精度传动、高集成灵巧结构设计、高能量密度电池技术等。国外有代表性的研究机构是美国波士顿动力和特斯拉，前者采用高爆发液压伺服技术，更注重"力量"；后者采用高扭矩密度电机伺服技术，更注重"智能"。国内与国外的主要技术差距为高爆发大力矩驱动技术，液压人形机器人采用全无油管化设计、关节走油设计、增材制造技术，已经实现动力自主，在功率密度与输出流量、压力指标方面与国外先进技术的差距正逐渐缩小；电驱动人形机器人在电机伺服技术上与美国差异相对较小，在电驱机器人快速迭代方面跟国际上差异不大，且在价格成本上更有优势，运动体能可以满足日常应用的需求。

在机器人运动能力方面：人形机器人运动能力是人形机器人实现高动态运动和作业的关键，主要包括动态变构型精确建模、高自由度复杂运动规划、未知扰动平衡控制等技术。人形机器人需要具备倾倒恢复、单腿平衡、动态平衡等能力。人形机器人的动力学模型非常复杂，包含连续变量动态系统、离散事件动态系统，以及二者相互作用的混杂系统。这给机器人的平衡稳定控制带来较大技术难度。美国在人形机器人的运动控制技术上居世界前列，其高校和研究机构开展了大量研究，拥有大量技术储备，这为人形机器人的产业化提供了技术支撑和人才储备。波士顿动力的人形机器人运动能力不断进化，与真实应用的距离将逐渐缩短；特斯拉公司公布了人形机器人结构设计、关节驱动和运动控制的概况，通过人工智能算法驱动着人形机器人的技术发展。

目前，国内仿人机器人处在运动控制技术突破阶段，已取得较大进展，在运动控制上跟国际领先团队的差距总体上在逐渐缩小。

在机器人智能能力方面：从智能作业来看，利用视觉等传感器实现环境感知并决策运动，是人形机器人进一步应用面临的重要问题。与一般机器人相比，人形机器人的高自由度和高不稳定性，为其感知、决策、规划，以及计算设备带来了新的挑战。与 ASIMO 基于视觉感知的拧杯、端茶等智能作业相比，2011 年浙江大学的乒乓球对打仿人机器人展现出对快速运动物体实时准确感知并预测决策的能力，以及手臂快速运动下的平衡控制能力，受到国际广泛关注。埃隆·马斯克（Elon Musk）所发布的 Optimus 人形机器人信息强调的也是芯片算力和智能算法，只提及了机器人的基本身高与步行速度等基础信息，却用大篇幅介绍了智能芯片和智能操作。可以推测，埃隆·马斯克的用意是设计出"类人的大脑"，结合"类人的形态"，执行"类人的作业"。因此，融合眼—手—足，结合智能芯片、智能算法，构建类人"超级大脑"，形成机器人元宇宙，有可能是未来技术的发展趋势。

在安全和伦理方面：（1）在数据隐私方面，人形机器人利用摄像头、麦克风等传感器设备收集用户的个人信息和行为数据，如语音指令、生物特征数据等，带来了数据安全隐私问题；（2）在物理安全方面，人形机器人具有较高的动力和运动能力，因此可能对周围的人员和环境造成伤害，需要考虑到防止意外碰撞、摔倒或失控等情况的安全措施；(3) 在系统安全方面，入侵者可能通过篡改指令、控制机器人、窃听敏感信息等方式对机器人进行远程操控，从而对用户造成威胁。人形机器人的推广应用不能规避安全和伦理问题，治理和监管不可或缺。公众是否能够接受？人机交互、信息保护是否安全？这些问题都是人形机器人规模化产业化应用将面临的关键问题。

在经济性方面：目前，制造一台高性能、高仿真的人形机器人需要巨大的研发投入和生产成本，这使得人形机器人的售价非常昂贵，超出了普通消费者的承受范围。因此尽管市场需求存在，但潜在用户望而却步。目前人形机器人缺乏相应的技术支持和解决方案，也缺乏相应的法规和政策支持，通用能力仍然相对有限，无法满足复杂多变的商业应用需求。人形机器人商业化应用道阻且长，涉及成本价格、应用场景开放、技术成熟度，尤其是通用能力的实现等。举例说明，当前"擎天柱"单台成本为10万美元左右。这一价格在众多人形机器人产品中已然较为低廉，但显然还没有达到市场期望的2万美元以内。对我国人形机器人企业而言，使用国产自研零部件或将是一条行之有效的降本方法。因此可以说，经济性是影响人形机器人产业能否落地的重要因素之一。

结束语

随着经济的高速发展和社会的进步，以元宇宙、人工智能、量子信息、脑机接口、6G、人形机器人等为代表的信息通信前沿技术将在促进社会生产力的进一步发展中发挥重要作用。但同时也应该意识到，当前国际环境日趋复杂，不稳定性、不确定性明显增强，我国面临的传统与非传统安全风险不容忽视。信息通信前沿技术产业融合创新加速，已成为大国博弈的聚焦点。

目前，在元宇宙、人工智能、量子信息、脑机接口、6G、人形机器人等领域，欧盟、美国、日本、韩国等国家（组织）除采用短期财政资金支持外，均做出了长远期战略规划布局与战略科技力量投入部署，旨在抢占面向未来的科技发展先发优势。面对多变的外部形势，我国需充分发挥国内各项资源要素的积极作用，迎接挑战，支持和促进信息通信前沿技术产业发展，力争在关键领域抢占竞争制高点。

一是要充分发挥国家制度和国家治理体系的优势，构建社会主义市场经济条件下关键核心技术攻关新型举国体制，从国家发展全局角度，推动新一代信息通信前沿关键核心产业的技术创新能力。具体来说，一方面，要综合考虑问题导向、需求导向、目标导向等因素，确定技术攻坚的轻重缓急，优化以元宇宙、人工智能、量子信息、脑机接口、6G、人形机器人等为代表的信息通信前沿技术研发布局；另一方面，要从国家战略高度，推动一批战略性、前瞻性信息通信领域的科学计划、重大项目、高端技术工程的布局以及落地实施。此外，要进一步引导与信息通信前沿技术密切相关的高等院校、科研院所、产业链相关企业以及地方政府等主体，推动形成信息反馈、资源共享、科技研发等多层次、全方位的新一代信息通信前沿技术攻坚克难新合作模式，合力推进信息通信领域国家重点实验室、国家重点工程中心以及产业创新高地的建设。

二是要引导形成"上游攻关、中游改造、下游反哺"的信息通信前沿技术产业发展思路，从产业发展全链条链角度，精确扶持并提升关键核心产业的技术创新能力。其中，在产业链上游方面，要聚焦细分领域的核心技术与关键零部件攻坚克难，既要梳理清楚各细分领域的技术攻关方向，着力解决新一代信息通信前沿核心技术与关键零部件领域的"短板"，也要充分发挥企业在新一代信息通信前沿核心技术攻关中的主体作用，扶持龙头企业、专精特新等企业协力突破产业链薄弱环节。在产业链中游方面，要推动新一代信息通信前沿核心技术成果的工程化和产业化，进一步引导和支持企业数字化、智能化改造，促进企业技术更新换代，加速企业应用新一代信息通信前沿技术的进程。在产业链下游方面，要强化新一代信息通信产业链各环节的对接深度，鼓励相关企业积极开拓国内外市场，在数据处理、生产规划、集成方案、市场服务等环节即时联动上游设计与中游生产产业，完成良性产业闭环。

三是紧扣信息通信前沿技术关键核心产业基础前沿研究，加大财政补贴、政府基金、税费减免、政府采购等政策支持力度，精准帮扶关键基础理论、共性基础技术等。一方面，要针对与新一代信息通信关键核心产业相关的科研院所、高等院校、龙头企业、专精特新企业等主体，加大财政资金对基础前沿技术领域的支持力度。比如，探索政府出资成立关键核心产业大基金，严格采用市场化运营模式，筛选基础技术、基础理论方面有长远发展前景的科创项目或企业进行持续投资，规避资金流入"短平快"项目。另一方面，持续释放"减税降费"政策红利，重点是针对从事科研活动的主体释放更多科技政策红利。比如，将研发加计扣除的比重提升，延长政策时限等。

四是要主动加强与国际的交流合作，扩大信息通信产业的市场份额。一方面，需在国际市场上，提升我国信息通信产业发展所需要的要素供给、创新供给、生产供给等能力，通过全面扩大开放实现国内国际市场的深度融合。另一方面，要强化国内外战略性新兴产业及未来产业的关联互动，支持国内信息通信相关企业进一步加强与国外研发机构的实质性合作。例如，考虑对外投资，布局一些非自己主业但对国家产业战略有帮助，或者有利于增加谈判筹码的领域与项目。又如，鼓励相关主体积极参与国际大科学计划和工程，鼓励我国企业主动发起和组织国际科技合作计划以利用国际创新资源。

五是要鼓励积极参与国际标准制定，提高信息通信产业主导力量。要多渠道地与国际标准发展组织开展广泛合作，在国际标准化组织、国际电工委员会、国际电信联盟等主要国际标准发展组织及其下设的技术委员会（TC）、分技术委员会（SC）中争取更多的高级职位，深度参与国际标准制定，提升我国信息通信领域自主标准的国际化水平和国际标准制定的主导力。

六是要时刻保持"防御"意识，筑牢信息安全防线，进一步完善新型融合性网络安全保障体系。首先，要加强产业核心信息基础设施安全防护，深化行业网络安全漏洞管理，形成常态化闭环管理机制；其次，要针对垂直行业领域的特性搭建安全防护框架，采取网络安全分级防护措施，优化安全监测体系，从风险发现、识别、防范、消减入手，全面强化系统安全保障；再次，要探索安全防护信息资源互通模式，进一步提高资源利用共享程度，打造动态安全防御体系，加强联防联保，有效降低信息泄露风险隐患，助力传统行业数字化转型升级；最后，要推动一批融合安防先行试点的落地，精准对接新一代信息技术产业融合的安全防护需求，推广先进网络安全风险防范经验，面向企业提供集约化的信息安全产品和服务，促进传统行业信息安全能力全面提升。

参 考 文 献

[1] 工业和信息化部,等. 虚拟现实与行业应用融合发展行动计划(2022—2026年)[Z]. 2022.

[2] 刘笑,许钰雪. "理念—目标—举措"视角下美日韩元宇宙布局研究及启示[J]. 世界科技研究与发展,2024,46(2):147-157.

[3] 焦娟. 全球视角下的元宇宙竞争:中美日韩元宇宙发展与布局各有千秋[R]. 安信证券,2021.

[4] 中国信息通信研究院. 元宇宙白皮书[R]. 中国信息通信研究院,2023.

[5] Analysis Group. The Potential Global Economic Impact of the Metaverse [R]. USA:Analysis Group,2022.

[6] 于秀明,邱硕涵,王程安. 工业元宇宙场景建设及体系结构研究[J]. 信息技术与标准化,2024(Z1):88-92.

[7] 邓梦楠,李书娟. 元宇宙技术赋能体育健身休闲产业:机制、瓶颈及路径[J]. 湖北体育科技,2024,43(1):108-114.

[8] 叶毓睿,李安民,等. 元宇宙十大技术[M]. 北京:中译出版社,2022.

[9] 有道研究所. 带你读懂元宇宙(起源、落地场景、未来展望)[EB/OL]. (2021-11-27)[2023-11-28]. https://zhuanlan.zhihu.com/p/438396003.

[10] 刘永东,等. AI大模型发展白皮书[R]. 北京:国家工业信息安全发展研究中心,2023.

[11] 中国信息通信研究院. 大模型治理蓝皮报告:从规则走向实践

（2023 年）［R］. 北京：中国信息通信研究院，2023.

［12］IDC. 2022 中国大模型发展白皮书［R］. 北京：IDC，2022.

［13］中国 AI 大模型现状［J］. 中国科技信息，2024（2）：4-7.

［14］郑纬民. 构建支持大模型训练的计算机系统需要考虑的 4 个问题［J］. 大数据，2024，10（1）：1-8.

［15］舒文琼. 大模型热潮奔涌算力网络何去何从？［J］. 通信世界，2024（1）：24.

［16］赵子忠，王喆. 2023 年国内大模型发展综述与趋势研判［J］. 青年记者，2024（2）：44-47.

［17］苏宇. 大型语言模型的法律风险与治理路径［J/OL］. 法律科学（西北政法大学学报），2024（1）：1-13.

［18］贵懋. AI 大模型技术实践路线图［EB/OL］.（2022-04-05）［2024-01-28］. https://mp.weixin.qq.com/s?_ _ biz = MzU3NjgxMzE4NQ = = &mid = 2247486394&idx = 1&sn = 3643e85e05c7825b2c6c71f684fcb248&chksm = fd0f6a54ca78e342f2437e204a2c040d2da53c37d3d7563a0b3bf33e4eed16b5713b883fd42e&token = 363083836&lang = zh_ CN#rd.

［19］刘洋雪，谷硕，何俊妮，等. 2023 人工智能专题报告：AI 大模型应用中美比较研究［R］. 北京：钛媒体国际智库，2023.

［20］宋海智，张子昌，周强，等. 光电量子器件研究进展（封面文章·特邀）［J］. 红外与激光工程，2024，53（1）：9-24.

［21］侯娜，马瑞，杨翠翠. 美国量子技术研发：相关政策与国防预算［J］. 国防科技，2023，44（6）.

［22］潘建伟. 量子信息科技的发展现状与展望［J］. 物理学报，2024，73（1）：7-14.

［23］夏秋，邓元慧，徐凯，等. 发展量子信息技术，激发未来产业竞争力［J］. 今日科苑，2023（12）：4-5.

［24］薛秀茹，李雪. 数字经济时代量子信息产业高质量发展研究［J］. 发展研究，2023，40（11）：46-53.

[25] 江瑶，陈旭，张凌恺. 基于专利计量的全球量子信息技术发展态势研究［J］. 创新科技，2023，23（11）.

[26] 张卫平，周正威，苏晓龙. 量子信息专题简介［J］. 中国科学：信息科学，2023，53（10）：2053-2054.

[27] 郭洁. 脑机接口迎多重利好 市场规模有望高增长［N］. 证券时报，2024-02-08（A07）.

[28] 张晟婕，赵长丽，宁伟程，等. 脑机接口技术的伦理风险及应对措施［J］. 中国医学伦理学，2024，37（1）：61-68.

[29] 阮梅花，张丽雯，凌婕凡，等. 2023年脑机接口领域发展态势［J］. 生命科学，2024，36（1）：39-47.

[30] 许书旭，陈建成，林松华. 脑机接口消费级创新应用［J］. 厦门科技，2023（6）：52-55.

[31] 庄桂山，邓蓉蓉. 脑机接口技术发展态势研究［J］. 产业与科技论坛，2023，22（23）：55-58.

[32] 方向. 6G厚积薄发，将引领更加智能、便捷、高效的数字社会［N］. 人民邮电，2024-02-09（001）.

[33] 李廉林，戴凌龙，崔铁军. 面向6G的信息超材料和智能超表面通信与感知技术［J］. 无线电通信技术，2024，50（2）：219-223.

[34] 帅又榕. 大势所趋 业界所向：6GHz频段划分用于5G/6G的全球规则基础已建立［J］. 中国无线电，2024，（1）：6-7.

[35] 卢臻. 6G行业新标准再出 优选布局场景是发展关键［N］. 通信信息报，2024-01-24（008）.

[36] 刘玉芹，邢燕霞，陈鹏. 6G网络架构展望［J］. 中兴通讯技术，2023，29（5）.

[37] 王欣晖，周星月，朱进国. 6G网络架构探讨［J］. 信息通信技术与政策，2023，49（9）：13-22.

[38] XUELI AN，JIANJUN WU，WEN TONG，et al. 6G Network Architecture Vision［C］.//2021 European Conference on Networks and

Communications & 6G Summit：30th European Conference on Networks and Communications（EuCNC），and 3rd 6G Summit（6G Summit），8-11 June 2021，Virtual Conference，Porto，Portugal.：Institute of Electrical and Electronics Engineers，2021：592-597.

［39］肖钰周，王春. 人形机器人时代即将到来？［N］. 科技日报，2024-02-05（006）.

［40］路沙. 太空探索人形机器人的下一个前沿应用领域［N］. 中国信息化周报，2024-01-29（23）.

［41］金叶子. 人形机器人元年已至 中国布局产业新机遇［N］. 第一财经日报，2024-01-19（A01）.

［42］白静. 布局人形机器人赛道 推进智能产业创新发展：解读《人形机器人创新发展指导意见》［J］. 中国科技产业，2024（1）：30-31.

［43］吴奕萱. 人形机器人行业发展前景广阔 多家A股公司已布局［N］. 证券日报，2024-01-06（B02）.

［44］孙柏阳，代川. 机器人行业专题报告：人形机器人的场景、技术和产业化趋势［R］. 北京：广发证券，2023.

［45］樊睿，于明. 新一代信息技术产业面临的挑战及未来发展趋势［J］. 中国工业和信息化，2023（7）：76-80.

［46］苍岚，谢雨奇，张淑翠."十四五"时期全球科技发展战略焦点及政策建议［J］. 机器人产业，2021（3）：12-15.